山洪灾害防治技术及浙江实践

主　编　曹飞凤　张丛林

副主编　韩　伟　贺露露

中国水利水电出版社

www.waterpub.com.cn

·北京·

内 容 提 要

本书以山洪灾害防治为主题，结合浙江省在山洪灾害防治领域的丰富实践经验以及国内外山洪灾害防治工作的最新进展，梳理了山洪灾害防治的系列基本知识。书中深入分析了浙江省的区域特征，探讨了山洪灾害调查评价方法，介绍了小流域山洪预报预警技术，阐述了山洪灾害防御预案撰写要求，并探索了山洪灾害防御预演平台的应用完善。基于此，引出了山洪灾害防治的智慧化技术，剖析了智慧山洪防治的概念、组成以及发展历程，并进一步提出了智慧化工具给山洪灾害防治工作带来的巨大改变。最后，通过对已有标准和案例的列举，归纳总结了山洪灾害防治的系列工程辅助措施。

全书资料翔实，内容丰富，兼具理论性与实践性，对于政府部门、科研机构、高校、企业以及广大关心山洪灾害防治事业的人士具有较高的参考价值，将为我国山洪灾害防治工作的推进和公众防灾意识的提高提供积极有力的支撑。

图书在版编目（CIP）数据

山洪灾害防治技术及浙江实践 / 曹飞凤，张丛林主编. -- 北京：中国水利水电出版社，2024.12.
ISBN 978-7-5226-2907-0

Ⅰ. P426.616

中国国家版本馆CIP数据核字第2024EW5472号

书　　名	**山洪灾害防治技术及浙江实践** SHANHONG ZAIHAI FANGZHI JISHU JI ZHEJIANG SHIJIAN
作　　者	主　编　曹飞凤　张丛林 副主编　韩　伟　贺露露
出版发行	中国水利水电出版社 （北京市海淀区玉渊潭南路1号D座　100038） 网址：www.waterpub.com.cn E-mail：sales@mwr.gov.cn 电话：（010）68545888（营销中心）
经　　售	北京科水图书销售有限公司 电话：（010）68545874、63202643 全国各地新华书店和相关出版物销售网点
排　　版	中国水利水电出版社微机排版中心
印　　刷	清淞永业（天津）印刷有限公司
规　　格	184mm×260mm　16开本　10.5印张　256千字
版　　次	2024年12月第1版　2024年12月第1次印刷
印　　数	0001—1000册
定　　价	**88.00**元

本 书 编 委 会

主　编

曹飞凤（浙江工业大学）

张丛林（中国科学院科技战略咨询研究院）

副主编

韩　伟（浙江工业大学）

贺露露（浙江工业大学）

参编人员名单（按姓氏笔画排序）

王凰源（浙江工业大学）

孔维博（浙江永邦应急科技有限公司）

杨　洁（山东水利职业学院）

肖思萌（浙江工业大学）

陈长辉（浙江工业大学）

洪振宇（浙江工业大学）

徐　浩（浙江工业大学）

徐新法（浙江工业大学）

寇冰洋（浙江工业大学）

黄桂霞（浙江永济工程技术有限公司）

蒋韵妮（浙江永济工程技术有限公司）

前言

　　2023 年 8 月，习近平总书记主持召开中共中央政治局常务委员会会议，研究部署防汛抗洪救灾和灾后恢复重建工作，总书记强调要细化落实中小河流洪水、中小水库度汛、山洪和地质灾害、城乡内涝等薄弱环节防洪保安措施，把各类风险隐患消除在成灾之前。习近平总书记的重要讲话从战略和全局高度明确了山洪灾害防御工作的重点工作和目标要求，具有很强的思想性、针对性、指导性，为做好山洪灾害防御工作提供了根本遵循。

　　多年来，浙江省山洪灾害防御工作一直走在全国前列，根本在于习近平总书记、党中央的坚强领导，根本在于习近平新时代中国特色社会主义思想科学指引。习近平总书记在担任浙江省委书记期间就提出必须做到早分析、早研究、早部署、早行动，措施必须果断有力，切实做好台风和山洪地质灾害的防御工作。这是习近平同志给浙江省山洪灾害防治工作量身定做的总纲领。

　　为了学习贯彻以习近平同志为核心的党中央关于山洪灾害防治工作的系列决策部署，进一步推动我国山洪灾害防治事业高质量发展，分享浙江省山洪灾害防治工作的先进经验，本书编委会编写了《山洪灾害防治技术及浙江实践》一书。

　　全书十章，系统阐述了山洪灾害防治的各个方面。第一章界定了山洪灾害概念，剖析其危害，并探讨其形成机制与规律。第二章概述了浙江省自然地理特征和社会经济面貌，梳理了浙江省历史山洪灾害事件，凸显了防治的紧迫性。第三章强调了调查的重要性，提出科学方法，并以丽水市莲都区宣平溪流域为例深入阐释。第四章聚焦于预报关键环节，介绍了数字化预报技术及其实际应用。第五章阐述了预警技术原理，结合浙江案例展示其应用效果。第六章概述了预案重要性，以淳安县为例展示了预案修编过程。第七章介绍了预演情况与原理，探讨了预演平台的建设与完善。第八章分析了智慧防治理念与技术演进，并通过案例展示其优势。第九章介绍了多种有效的山洪防治工程措施。第十章介绍了浙江省山洪灾害防治的经验。全书将理论与实际相结合，系统且全面地介绍了山洪灾害防治的一系列知识，能为当前山洪灾害防治工作开展提供坚实的理论与实践支撑，对于推动我国山洪灾害防治工作的发展和公众防灾意识的提高都具有重要意义。

本书的编写和准备过程耗时一年有余，经历了文稿的初步构思和规划、文章框架结构的撰写和细化、相关文献的搜集和分析、关键问题的咨询和讨论、各章节的分工撰写以及所有章节的整合统稿。此外，还邀请多名相关领域专家进行审稿并提出修改意见，并对书稿内容进行全面修改与完善。在整个过程中，编委会组织了多次不同规模和形式的会议，包括研讨会、咨询会和审稿会等，以确保书籍内容的准确性、完整性和连贯性。通过这些会议，及时调整篇章结构、提炼核心观点、交流研究心得、同步工作进度、吸纳建设性意见，并具体化修订需求，保证编写工作的顺利进行。

本书付梓之际，正值中华人民共和国成立75周年，"应急使命·2024"超强台风防范和特大洪涝灾害联合救援演习在浙江举办。回顾过去七十五载的沧桑变化，中国从一穷二白走向全面小康社会，现已踏上以中国式现代化全面推进强国建设、民族复兴的新征程。编委会深入学习和全面贯彻习近平新时代中国特色社会主义思想，聚焦我国山洪灾害防治的重点问题，对全书相关内容进行了系统修改和充实，力求达到回顾总结、理论支撑、方法支持、提升认识等多重目的。

围绕"山洪灾害防治技术及浙江实践"这一重要课题开展深入研究和撰写工作，是一项极具挑战性和重大意义的任务。作为编研团队，我们深感肩负的责任重大，深知这一工作的复杂性和所面临的诸多难题。在整个研究过程中，我们坚持以科学严谨的态度，分工明确、注重细节，通过多次研讨和反复修改，不断推敲完善科学问题、研究内容和表述方式。在此过程中，倾注了大量的心血与努力，力求呈现一份准确、全面、深入的研究成果。然而，我们也深知相关编研工作仍有待进一步深入和完善。如有任何不当之处，我们恳请广大读者不吝赐教，以便我们在今后的修订中不断提高研究水平和质量。

在此，我们谨向所有参与研究编撰工作的同仁，以及给予我们热情关心和指导的各位领导、专家，表示衷心的感谢和崇高的敬意！你们的支持和帮助是我们完成这项工作的强大动力和重要保障。同时，我们也希望本书的出版能够为山洪灾害防治领域的实践和研究提供一定的参考和借鉴，为推动我国山洪灾害防治工作的发展做出应有的贡献。

编者

2024 年 5 月

第一章 绪 论

我国复杂的地形地质条件、暴雨多发的气候特征、密集的人口分布和人类活动的影响，导致山洪灾害发生频繁，是汛期造成人员伤亡的主要灾害种类。党中央、国务院历来高度重视山洪灾害防治工作，就相关工作制定了一系列方针政策，并取得了实效。但近年来，我国极端天气事件频发，部分地区山洪灾害造成人员伤亡事件时有发生，山洪灾害防御形势依然严峻。新形势下，党的二十大报告要求提高防灾减灾救灾和重大突发公共事件处置保障能力，是党中央针对我国灾害事故多发频发现状，着眼推进国家应急管理体系和能力现代化作出的重要战略部署，为山洪灾害防治提出了新的更高要求。因此，编制山洪灾害防治的实践专著，系统梳理山洪灾害防治在实践过程中的进展与成就，探讨山洪灾害防治措施与前沿技术，从山洪灾害防治的新理念、新模式、新举措等方面进行展望，对于完善我国山洪灾害防治体系，实现从有到优、从优到强转变，具有重要意义。在此基础上，切实做好防汛救灾准备，落实落细各项责任举措，进一步做好山洪灾害防范应对工作。

本章概述了山洪与山洪灾害的概念，分析了山洪灾害的分类、特征与危害，介绍了山洪灾害的形成过程与影响因素，探讨了山洪灾害的规律及表现形式，阐述了山洪灾害的防治规划原则及其措施，梳理了国内外山洪灾害防治历史、现状及存在的问题，并论述了浙江省山洪灾害防治的历程。

第一节 山洪与山洪灾害

一、山洪

山洪是指山区小流域由降雨、冰雪融化或者水坝崩决等原因引起的突发性、暴涨暴落的地表径流以及由山洪引起的滑坡、泥石流的总称，是世界上最具破坏性的自然灾害之一（ROZALIS S，2010；HE BINGSHUN，2017）。我国地处东亚季风区，气候因素多样，暴雨频发，地形地质条件复杂，加之受到人类活动的影响，导致山洪灾害发生频繁。

二、山洪灾害的分类、特征与危害

1. 山洪灾害的分类

山洪灾害是指降雨在山丘区引发的洪水及由山洪诱发的泥石流、滑坡等对国民经济和人民生命财产造成损失的灾害（魏丽等，2018）。水利部将山洪灾害定义为山区由溪河洪水及可能诱发的泥石流、滑坡等对人民生命、财产造成损失的灾害（水利部，2018）。因此，可将山洪灾害划分为由降雨诱发的山区溪河洪水灾害、泥石流和滑坡。

（1）溪河洪水通常会伴有不同程度的沙石和漂浮物，但不同于典型（滑坡）泥石流近似宾汉体的流态，溪河洪水仍保持了较明显的牛顿体特征（魏永强，2022）。我国溪河洪水灾害分布大体上以大兴安岭-太行山-巫山-雪峰山一线为界，划分为东、西两部分。该线以东，溪河洪水灾害主要分布于江南、华南和东南沿海的山地丘陵区以及东北大小兴安岭和辽东南山地区，分布面广、量多；该线以西，主要分布于秦巴山区、陇东和陇南部分地区、西南横断山区、川西山地丘陵一带及新疆和西藏的部分地区，常呈带状或片状分布。

（2）泥石流是指山区沟谷中由于暴雨汇集形成洪水、挟带大量泥沙石块而形成的洪流，其单沟发育面积明显小于溪河洪水，流域面积通常在 $100km^2$ 以下，且因松散物质的存在，整个流域又可分为物源区、流通区和堆积区 3 段（魏永强等，2022）。我国西南地区和秦巴山地区是泥石流灾害的主要分布区域。沿青藏高原四周边缘山区，横断山-秦岭-太行山-燕山一线是强地震带及降水强度高值区，泥石流灾害分布集中。

（3）滑坡是指土体、岩体或斜坡上的物质在重力作用下沿滑动面发生整体滑动的过程，滑坡发生时，会导致山体、植被和建筑物失去原貌（魏永强等，2022）。我国西南地区滑坡灾害多，发生频率高；东南、华中、华南地区的滑坡多分布于低山丘陵地区，多为浅层滑坡；东北和华北地区，滑坡分布较少，发生频率较低；西北地区由于缺乏足够的气候条件和地形条件等原因，滑坡灾害分布密度低。

2. 山洪灾害的特征

山洪灾害不仅对山丘区的基础设施造成毁灭性破坏，而且对人民群众的生命安全构成极大的损害和威胁，已经成为山丘区经济社会可持续发展的重要制约因素之一。山洪灾害具有以下特性（孙厚才，2004；徐永年，2004）：

（1）突发性。山洪汇流很快，河水陡涨，水流湍急，暴发历时很短，突发成灾往往使人们措手不及，防不胜防。

（2）毁灭性。山洪多为水沙流体，含沙量高，流速大，冲击力强，其破坏形式主要有冲刷、溃决、撞击、淤埋、淹没，过境往往对房屋、水利、交通、电力、通信等基础设施造成毁灭性的破坏。

（3）群发性。在一次持续性的强降雨过程中容易形成山洪、滑坡、崩塌和泥石流等灾害链。

（4）易发性。山区经济发展相对落后，预警预报设施不完善，不能及时采取有效措施减少洪灾损失，加之对山洪灾害的规律性研究不够，没有定量判别标准，以往的山洪灾害防御预案操作性不强，山洪灾害预见性差，防御难度较大。

（5）季节性。山洪灾害主要集中在汛期，主汛期更是山洪灾害的多发期，据统计，全国汛期发生的山洪灾害约占全年山洪灾害的 95%，其中 6—8 月发生的山洪灾害达到全年山洪灾害的 80% 以上。

3. 山洪灾害的危害

在山洪形成及沿沟道演进和向两岸漫溢的过程中，因山洪动能和势能共同作用，可能导致人员受淹、被埋或被冲走，造成人员伤亡；也可能冲毁或淹没建筑物（包括房屋、道路、桥梁、石油天然气管道、电力或通信设施等），造成财产损失，形成山洪灾害（孙东亚等，2022）。近年来，我国极端天气事件频发，部分地区山洪灾害造成人员伤亡事件仍有发生。仅在 2022 年，我国四川、黑龙江、甘肃、青海等局地山洪泥石流灾害就造成了较大的人员伤亡，特别是青海大通山洪灾害造成 31 人死亡失踪，山洪灾害防御形势依然严峻。

三、山洪灾害的形成过程与影响因素

山洪灾害是全球最频繁和最有破坏力的自然灾害之一，受局地气候、地形地貌、强人类活动等因素综合影响，与降雨洪水、泥沙运动及河床响应密切相关，且影响因素复杂多变（王协康等，2019）。促使山洪灾害发生的原因主要有暴雨、流域特性、地形地貌、土地利用、土壤质地特性等自然因素，其中暴雨是诱发山洪灾害最重要的外力因素，地形地貌、土地利用、土壤等是山洪灾害形成的最基本的下垫面因子（葛星等，2018）。因此，山洪灾害的形成受降雨因素、地形地质因素、经济社会因素等方面的多重影响。

（1）降雨因素。降雨是诱发山洪灾害的直接因素和激发条件。山洪的发生与降雨量、降雨强度和降雨历时关系密切。降雨量大，特别是短历时强降雨，在山丘区特定的下垫面条件下，容易产生溪河洪水灾害。

（2）地形地质因素。不利的地形地质条件是山洪灾害发生的重要因素。我国山丘区面积占国土面积的 2/3 以上，自西向东呈现出三级阶梯，在各级阶梯过渡的斜坡地带和大山系及其边缘地带，岭谷高差达 2000m 以上，山地坡度 30°到 50°，河床比降陡，多跌水和瀑布，易形成山洪灾害。

（3）经济社会因素。受人多地少和水土资源的制约，为了发展经济，山丘区资源开发和建设活动频繁，人类活动对地表环境产生了剧烈扰动，导致或加剧了山洪灾害。山丘区居民房屋选址多在河滩地、岸边等地段，或削坡建房，一遇山洪极易造成人员伤亡和财产损失。山丘区城镇由于防洪标准普遍较低，经常进水受淹，往往损失严重。

四、山洪灾害的规律及表现形式

（1）从时间上分析，我国山洪灾害呈现"中间大，两头小"的特征。山洪灾害是在暴雨的激发作用下产生的，因此山洪灾害的发生与暴雨的发生在时间上具有高度的一致性。我国夏季汛期一般为 4—9 月，主汛期为 7—8 月，山洪灾害事件主要在 3—11 月，灾情主要集中在 6—8 月，时间持续较长。

（2）从空间上分析，我国山洪灾害分布的区域性特征明显。我国山洪灾害集中分布于青藏高原-四川盆地过渡带、川滇交界、黄土高原区、秦巴山区、黔西南地区、东部沿海地区、华北及华中等地区，造成人员伤亡的灾害主要发生在四川、云南、重庆、甘肃、宁夏、陕西、贵州、河南、湖南、山西、广西、福建、广东等地貌类型复杂、人口密度大的省（自治区、直辖市），特别是城镇化程度较高的地区（郭良等，2017）。历史山洪灾害集中分布于东南低山丘陵平原及西南中低山高原盆地，占全部山洪灾害的 60% 左右，而西北高中山盆地高原及青藏高原高山极高山盆地谷地山洪灾害发生较少，不足灾害总数的 4%（刘樯漪，2017）。

（3）从表现形式上分析，我国不同地区的气候、地形、水文、植被、土壤等条件迥异，山洪灾害亦表现出不同的形式。其中，东部季风区的溪河洪水灾害以江南、华南和东南沿海的山地丘陵区最为突出，泥石流灾害以西南地区的川西和云贵高原、秦巴山地区最为严重，滑坡灾害主要分布于西南地区的川东低山丘陵、秦巴山地、华北地区的北方土石

山区，而华中华东地区和华南地区的山丘地带多浅层滑坡灾害分布。蒙新干旱区总体上山洪灾害较弱，但局部地区山洪灾害比较严重。青藏高寒区泥石流、滑坡多，但形成灾害较少，是全国山洪灾害较弱的地区。

第二节 山洪灾害防治规划原则及其措施

一、山洪灾害防治规划原则

（1）坚持人与自然和谐共处，由控制洪水向管理洪水转变的原则。人类活动的负面效应已成为山洪灾害的重要致灾因素之一，不仅给人类自身带来严重问题，而且使自然生态系统遭到严重破坏。通过加强管理，规范人类活动，制止对河流行洪场所的侵占，采取"退耕还林、还草"、改变耕作方式等措施，改善生态环境，保护水土资源。

（2）坚持"以防为主，防治结合""以非工程措施为主，非工程措施与工程措施相结合"的原则。产业发展和城市及村镇建设要根据各地山洪灾害风险的程度，合理进行布局；通过宣传、教育，提高人们主动避灾意识；开展预防监测工作，提前预报，及时撤离危险地区。

（3）贯彻"全面规划、统筹兼顾、标本兼治、综合治理"的原则。根据各山洪灾害区的特点，统筹考虑国民经济发展、保障人民生命财产安全等各方面的要求，做出全面的规划，并与改善生态环境相结合，做到标本兼治。

（4）坚持"突出重点、兼顾一般"的原则。山洪灾害的防治工作要实行统一规划，分级分部门实施，确保重点，兼顾一般。采取综合防治措施按轻重缓急要求，逐步完善防灾减灾体系。

（5）坚持因地制宜、经济实用的原则。我国山洪灾害防治点多面广，自然地理条件千差万别，经济社会发展水平不一，防治措施应因地制宜，既要重视应用先进技术和手段，也要充分考虑我国山丘区的现实状况，尽量采用经济、实用的设施、设备和方式方法，要借鉴实践中好的经验，广泛、深入开展群测群防工作。

二、山洪灾害防治措施

山洪灾害防治应针对山洪灾害特点，综合规划山洪灾害风险管理措施，坚持以防为主，防治结合，以山洪风险评估、监测预报预警系统、群测群防体系等非工程措施为主，非工程措施与工程措施相结合，并逐步完善山洪灾害防治体系（水利部，2020）。

（一）非工程措施

1. 山洪灾害调查评价

以小流域为单元，调查山洪灾害防治区暴雨特性、小流域特征、人员分布、社会经济和历史山洪灾害等情况，分析小流域洪水规律，评价防治区自然村落的防洪现状，划定山洪灾害危险区，明确转移路线和临时安置地点，科学确定山洪灾害预警指标和阈值（张启义等，2016），为及时准确发布预警信息、安全撤离转移人员提供基础支撑。我国实施的全国山洪灾害调查评价项目，将普查和详查相结合，运用内业调查、外业测量、水文分析等方法，为中国山洪灾害防治县的预警预报和工程治理提供有力数据支撑。

2. 山洪灾害监测预警

山洪灾害监测预警体系主要包括水雨情监测系统和预警系统。当前，水雨情监测系统以山洪灾害易发区雨量监测为主，辅以必要的水位和流量监测（董林垚等，2019）。水雨情监测站主要分为简易监测站、人工监测站和自动监测站，按照优先满足预报和预警需求的原则布设（刘志雨，2012）。预警系统通常以信息汇集与预警平台的形式工作，通过信息汇集、查询、预报、决策和预警等模块实现山洪灾害实时预警（刘志雨，2012）。目前，国内外山洪灾害监测预警通常是采用先进的监测和预报技术，实时监视暴雨山洪情况，预测山洪发生的时间和危害程度，做出准确的山洪预报，并发布预警信息。

3. 山洪灾害群测群防体系

群测群防体系与专业化的监测预警系统相辅相成、互为补充，共同发挥作用。山洪灾害群测群防是指在山洪灾害防治区的县（市、区）、乡（镇）两级人民政府和村（居）民委员会组织辖区内企事业单位和广大人民群众，在水行政主管部门和相关专业技术单位的指导下，通过防御组织建立、责任制落实、防灾预案编制、防灾知识宣传、避险技能培训和避灾措施演练等手段，对由降雨引发的洪水等突发灾害进行监测预警，实现对山洪灾害的提前预防、及时监测、快速预警和有效避让的一种主动防灾减灾体系（何秉顺等，2017）。开展山洪灾害群测群防是适合我国国情，有效防御山洪灾害的一项重要手段（任洪玉等，2021）。

（二）工程措施

工程措施在防洪减灾过程中起到很重要的作用，是防洪系统中重要的一个环节，包括山坡固定工程、沟道工程、护岸工程、护堤工程、排导工程、生态工程等。一般按照"护、通、导"的原则确定治理措施，"护"即加固或修建护岸等；"通"即对重点河段及山洪沟出口清淤疏浚，畅通山洪出路；"导"即利用截洪沟、排洪渠等设施，导排洪水，减少山洪危害（水利部，2020）。工程措施虽然能够提高山洪防御标准，但一方面需要耗费大量资金，另一方面，当水库、堤防等防护工程投入使用以后，人们往往认为相关地区的防洪安全得到了足够保证，反而可能激发更大规模的人口聚集和经济扩张（BARRAQUÉ B，2017）。在防治山洪灾害的过程中，应充分考虑山区特点，因地制宜地制定综合防治方案，确保人民生命财产的安全。

第三节　国外山洪灾害防治简介

近年来，极端气候频发，导致山洪灾害越来越频繁发生，山洪灾害已经成为世界各国自然灾害中的主要灾种之一，造成了大量的人员伤亡和社会经济损失（何秉顺等，2021）。为了防御山洪灾害，减轻灾害损失，许多国家对山洪灾害防治进行了研究。

一、美国山洪灾害防治

美国山地面积约占总国土面积的34%，受洪水威胁的面积约占国土面积的7%，影响人口3000万人以上，年降水量大体上东多西少，但西部地区突发性洪水频繁（魏丽等，2018）。自19世纪中叶起，美国政府把大量的人力物力财力投入防洪事业，以消除洪水灾害的影响。经过几十年的发展，美国已经形成了较为完善的山洪灾害防治体系。

1. 非工程措施

作为有效的山洪灾害防御手段，早在20世纪70年代，美国就已开始山洪灾害预警研究（MOGIL H M, 1978）。美国山洪预报预警系统从产生洪水的机制到水雨情的监测，从中长期预警技术到短期预警技术，再到民众对山洪预警信息的反馈，覆盖了从山洪发生到发出预警信息的每个环节（刘荣华，2020）。有效的雨情和水情监测对于山洪预警至关重要，美国主要采用传统的雨量计法和现代的遥感方法（雷达、微波、红外线）监测降雨量，采用传统方法（流速计、多普勒流速剖面仪、V形堰）和现代方法（粒子图像测速法、雷达法）监测流量（刘荣华，2020）。基于对水雨情监测和预报数据的分析，输出山洪风险范围、时间和等级，即为预警。根据预警的时效性不同，分为中长期预警和短期预警。中长期预警的目标是评估未来多年山洪灾害发生的可能性，也叫山洪风险评估。短期预警行为则是预测未来几天或几小时内山洪暴发的可能性，美国的短期预警技术主要包括实时自动本地评估 ALERT（Automated local evaluation in real time）、山洪指南 FFG（Flash flood guidance）、分布式水文模型阈值频率 DHM - TF（Distributed hydrological model threshold frequency）、山洪概率预测 PFFF（Probabilistic flash flood forecast）、洪水地点和模拟水文图 FLASH（Flooded locations and simulated hydrographs）以及国家水资源模型 NWM（National water model）6 种技术（刘荣华，2020）。其中，最具代表性的就是 FFG 系统，是将复杂的水文分析放在了山洪发生之前，并且委托给具有丰富预报经验和能力的河流洪水预报部门完成，而在山洪即将发生时，根据实时降雨情况，通过相对简单的预警阈值比较即可判断是否要向公众发出预警信息（孙东亚，2012）。

在相关法律体系方面，美国与山洪灾害相关的法律主要包括《防洪法》《洪水保险法》《洪水灾害防御法》《洪水保险改革法》。其中，《防洪法》主要针对河流防洪设施的修建、管理，对防洪抢险救灾各有关部门的职能、职责、运作程序进行了明确的规定。《洪水保险法》包括洪水保险及洪泛区土地利用政策，旨在用保险代替灾害救助，解决洪灾损失所致纳税人负担加重的问题。《洪水灾害防御法》进一步规定所有受洪水威胁的社区均须参加国家洪水保险计划，否则无权享受相关的联邦灾后救助。《洪水保险改革法》旨在推行强制洪水保险（魏丽，2018）。

2. 工程措施

1936 年 6 月 22 日，美国国会通过了一个具有里程碑意义的洪水控制法案，即《洪水控制法案》，该法提出了综合性的防洪措施，授权联邦政府对江河水道的洪水控制问题进行调研，并且要求工程兵团和其他联邦机构修筑洪水控制工程，比如修建水坝、水库、堤堰、分洪沟渠等。美国在山洪防治工程设计上采用了许多创新技术和方法，例如水土保持、雨水收集和排放系统等。这些措施不仅可以降低山洪的流量和速度，还能有效地防止和控制山洪灾害的发生。此外，美国还制定了详细的工程标准和规范，以确保建设和维护的工程能够达到防洪要求。

二、日本山洪灾害防治

日本位于环太平洋地震带，地震和火山活跃，境内崎岖多山，山地约占国土总面积的70%，河流狭窄陡急，由于独特的自然条件及地理环境的影响，平均每年发生崩塌、滑坡及泥石流事件 1000 起以上，造成大量的人员伤亡（魏丽，2018）。因为其独特的地理条件，日本山洪灾害管理方面起步较早（赵刚，2016）。

1. 非工程措施

在山洪灾害的监测预报方面，日本防汛水利部和气象局利用 X 波段雷达定量检测和机载雷达测量技术设计并建设了中小河流山洪预报系统，覆盖了日本 400 多条中小河流的全部关键河段。X 波段 MP 雷达直接获取雨粒形状，并从雨滴的扁平度推定雨量，因而不必通过地面雨量计加以校正，即可实时传输高精度的雨量监测数据（何秉顺，2016）。防汛水利部门和气象部门联合制作洪水预报，双方共享雨量、水位监测信息和雨量预报信息，联合制作的洪水预报成果通过双方各自的优势渠道发布并传播（何秉顺，2016）。

在灾情资料收集方面，20 世纪 70 年代颁布实施的"治水经济调查纲要"，就规定地方政府对每次实际发生的水灾事件都必须在 $1km^2$ 网格尺度的地图上标识出实际受灾范围与特征点的水位。20 世纪 90 年代以来，又相继要求各地根据洪水模拟计算绘制"洪水泛滥危险区域预想图"和"洪水灾害地图"。两者均取 100～200 年一遇的特大洪水为计算淹没范围和水深的对象。洪水灾害地图根据使用对象和目的，又分为"避难指导型""灾害学习型""防灾情报型"三类，并根据实际运用的需求对三种类型的必备信息做了明确的规定。

在相关法律体系方面，日本于 1958 年制定了滑坡等防治法、1969 年制定了关于防治陡坡崩塌引起灾害的法律。2000 年针对有可能发生泥沙灾害的区域，实施制定风险图、完善警戒和撤离机制、控制新建住宅地区等措施，推进了"关于在泥沙灾害警戒区域等推进防治泥沙灾害对策的法律"等非工程措施，确立了实施工程措施和非工程措施的法律制度（李瑛，2008）。日本与山洪灾害相关的法律主要有《河川法》《水防法》《泥沙灾害防治法》。《河川法》规定了所有水系进行以流域为单元的开发与治理制度，以及河流开发过程中的环境保护措施。《水防法》是主要针对防汛管理及费用等问题的法律。《泥沙灾害防治法》是关于防沙设备、防治区域管理、泥沙灾害警戒区域管理、避难警报等的法律，该法律将有可能发生泥沙灾害的区域设定为"泥沙灾害警戒区域"和"泥沙灾害特别警戒区域"（魏丽，2018）。

2. 工程措施

为应对日益频发的洪灾，日本政府于 1896 年颁布了《河川法》，此法案为防洪工程奠定了坚实的基础，引导了大规模防洪工程的建设，主要工程措施有修建水库整治河道、修建滞洪区、开挖地下河流等。从 1960 年开始，日本进行了大量的水库建设，总库容仅次于中国和美国等修建水库较多的国家，通过水库调节河流洪水，有效地削减了下游河道的洪峰流量，提高了下游地区的防洪安全度，满足了各地的生活、工农业和发电用水要求。河道整治的工程措施有：河道加宽，堤防加高加宽、加固以及桥梁加高、加固，挡水堰的改造等，以提高河道行洪能力，将流入河道的雨洪安全、迅速地排到大海，超级堤防主要修建在东京和大阪等社会资产较集中的大城市河流上。由于在城市中进行大规模的河道改造是非常困难的，作为补救措施，日本很多城市正在进行或规划开挖地下河流工程，用来分流部分雨水，同时作为临时地下滞洪设施来运用（白音包力皋等，2006）。

三、欧盟山洪灾害防治

山洪暴发是欧洲最具破坏性的自然灾害之一，造成大量人员伤亡和巨大的经济损失

(BARREDO，2007)。其中，阿尔卑斯山区各国，山地比例大，森林覆盖率高，土壤面蚀较轻微，山洪、泥石流、滑坡侵蚀严重。因此，欧洲国家采取了多种措施，如加强水文监测和预警系统以及建立大量的防洪堤、水坝和排水系统，以减轻山洪对当地人民和财产的影响。

1. 非工程措施

在山洪灾害的监测预报方面，为加强洪水管理，欧洲一些国家联合资助开展第 16 个欧盟研究和技术开发项目，设立了山洪灾害防治技术研究项目（FLOODsite），项目的技术关键是山洪预报。在法国、意大利、西班牙和德国分别选择一个流域，组织水文气象部门、监测服务部门、预测预报中心、研究机构和灾害应急管理机构联合开展山洪灾害防御技术的研究与示范。这四个示范区域的共同特点是具有适宜的水文气象站点密度以及良好可靠的气象雷达覆盖，这些监测站点已经投入运行，并积累了大量详细的山洪资料（孙东亚，2012）。以意大利山洪预警系统为例，欧盟一些国家所建设的山洪预警系统主要包括三个方面的内容：一个可视化且便于操作的平台；具有不同功能的模块，包括服务器优化计算分析模块、实时数据接收和存储模块以及雷达数据管理和处理模块；综合形成预警信息的决策信息生成系统。在监测预警系统建设中，欧盟非常重视基础工作，例如建立相对比较详细的自然和社会经济数据库，开展降雨与流量的耦合监测和分析，进行山洪灾害事件现场调查和数据整编入库等（孙东亚，2012）。

在灾情资料的收集方面，欧洲国家于 2007 年 10 月通过了洪水风险管理与评估的共同协议，内容包括河道洪水、海岸海水、城市洪水等，措施包括初步的洪水风险评估、洪水风险图编制以及洪水管理计划等三部分（胡昌伟，2012）。以发展水平较高的英国为例，英国的洪水管理包括综合的风险管理、风险评估、规划、防洪工程、水库安全、预报和预警、洪水保险、前瞻研究和洪水风险图等。英国还提供局部洪水实时风险估测，通过历史记录最高水位、近期最高水位、可能洪水位、日常波动区间、当前实际水位的比较来辅助判断洪水风险。英国环境署建立了国家邮政编码和财产数据库，为财产所在地区提供合适的保险种类并以地图形式提供空间数据，显示不同保险种类所涵盖的区域。目前，英国的洪水风险图已经通过网络发布，只需输入邮编号码即可进行查询。这一措施可让居民了解自己和社区的洪水风险，以增强公众洪水风险意识，同时为洪水保险提供依据。

在相关法律体系方面，欧洲议会和欧洲理事会于 2000 年 10 月颁布的《水框架指令》（WFD）和《水框架指令共同实施战略》（CIS），是综合性的水政策和水法律。此外，于 2007 年 10 月颁布的《洪水指令》（FD），是一项专门针对欧洲洪灾风险评估和管理的政策法规，是对《水框架指令》的补充，对所有欧盟成员国具有法律约束力。《洪水指令》要求成员国与其政府部门、机构和其他机构互动，以制定初步的洪水风险评估，评估中的信息用于识别具有重大风险的区域，然后将其建模以产生洪水危害和风险图，最后通过洪水风险管理计划向政策制定者、开发商和公众表明风险的性质以及建议管理这些风险的措施。

2. 工程措施

欧洲采取了许多防洪工程措施，例如：英国修建蓄滞洪工程、荷兰制定了具有可操作性的涉水防护措施、莱茵河 2020 年洪水管理实施方案以及多瑙河流域防洪工程等。英国的蓄滞洪区，用于拦蓄洪峰流量，在防洪中发挥了重要作用。当洪峰水位高于堤坝高度时，蓄滞洪区开始泄洪，当洪峰过去、上游水位降低时，再按照控制流量泄流，尽量减少下游受灾面积。荷兰有 1/4 的土地低于海平面，2/3 的地区易受洪水和涌潮威胁，因此被称为"低地之国"。为了应对这些威胁，荷兰历经多年建设，形成了由大坝、堤防、水闸等基础设施组成的防洪工程体系。

第四节　中国山洪灾害防治简介

尽管我国山洪灾害防治方面起步较晚，但近 10 余年来防灾减灾成效显著，初步建成了适合我国地理特征的山洪灾害防治体系，形成了具有中国特色的山洪灾害防治技术体系，实现了从无到有的突破，并在实际防灾减灾中获得了显著的效益（何秉顺，2021）。2011—2020 年因山洪灾害年平均死亡失踪 356 人，较 2000—2010 年年均死亡 1179 人下降 70%。

一、山洪灾害防治政策

多年来，各级相关部门根据中国山洪灾害防治实际，开展了大规模山洪灾害防治项目建设，制定了一系列政策措施（表 1-1）。在不同时期、不同阶段所表现出的政策价值、目标以及工具选择各有侧重，体现出山洪灾害防治政策逐步从"碎片化"转向"体系化"，山洪灾害防治政策目标从模糊分散转向清晰聚焦，山洪灾害防治政策工具实现从强制性政策为主向多样化政策组合转变三个方面的特征（吴泽斌，2023）。

表 1-1　　　　2003—2022 年中国山洪灾害防治相关政策文件（部分）

文 件 名 称	颁 布 主 体	颁布时间
国家防总关于加强山洪灾害防御工作的意见	国家防汛抗旱总指挥部	2003-07-08
关于进一步加强全国山洪灾害防治规划编制工作的通知	水利部、国土资源部、中国气象局、建设部、国家环保总局	2004-03-17
全国山洪灾害防治规划报告	水利部、国土资源部、中国气象局、建设部、国家环保总局	2005-05-09
国务院关于全国山洪灾害防治规划的批复	国务院	2006-10-27
气象灾害防御条例	国务院	2010-04-01
国务院关于切实加强中小河流治理和山洪地质灾害防治的若干意见	国务院	2010-10-10
全国中小河流治理和病险水库除险加固、山洪灾害防御和综合治理总体规划	国务院	2011-04-06
全国山洪灾害防治项目实施方案（2013—2015 年）	水利部、财政部	2013-05-25
山洪灾害群测群防体系建设指导意见	国家防汛抗旱总指挥部办公室	2015-04-01
关于推进防灾减灾救灾体制机制改革的意见	国务院	2016-12-19
国家综合防灾减灾规划（2016—2020）年	国务院办公厅	2016-12-29
全国山洪灾害防治项目实施方案（2017—2020 年）	水利部	2017-11-10

续表

文件名称	颁布主体	颁布时间
关于开展水库安全度汛、山洪灾害防御、河道防洪专项督查的通知	水利部	2018 - 08 - 30
山洪灾害监测预警监督检查办法（试行）	水利部	2020 - 06 - 16
全国山洪灾害防治项目实施方案（2021—2023 年）	水利部	2020 - 12 - 25
关于加强山洪灾害防御工作的指导意见	水利部	2022 - 03 - 03
2022 年度山洪灾害防御能力提升项目建设工作要求	水利部办公厅	2022 - 04 - 26
国家防汛抗旱应急预案	国务院办公厅	2022 - 05 - 30
关于印发《"十四五"国家综合防灾减灾规划》的通知	国家减灾委员会	2022 - 06 - 19

二、山洪灾害防治项目建设

按照党中央、国务院决策部署，水利部、财政部组织全国 29 个省（自治区、直辖市）和新疆生产建设兵团、305 个地市、2076 个县实施了山洪灾害防治项目建设。项目经历了从规划（2002 年）、试点（2009 年）到山洪防治县级非工程措施的全面实施（2010—2012年），以及第二期全国山洪灾害防治项目的补充（2013—2015 年），再到对山洪灾害防治措施的进一步完善（2016—2020 年）（何秉顺，2021）。2010—2020 年期间，全国开展山洪灾害调查评价、监测预警系统建设、群测群防体系建设和重点山洪沟防洪治理，取得了丰硕成果。从项目规划到项目实施主要分五个阶段（水利部，2020；尚全民，2020；郭良，2019）。

（一）规划与试点阶段（2002—2009 年）

2002 年，水利部会同国土资源部、中国气象局、建设部、环保总局组织编制了《全国山洪灾害防治规划》。2006 年 10 月，国务院正式批复了《全国山洪灾害防治规划》。2011 年 4 月，国务院审议通过了《全国中小河流治理和病险水库除险加固、山洪地质灾害防御和综合治理总体规划》，确定了"人与自然和谐相处""以防为主，防治结合""以非工程措施为主，非工程措施与工程措施相结合"的山洪灾害防治原则，并确定了我国山洪灾害的分布范围。根据山洪灾害的严重程度，划分了重点防治区和一般防治区，并明确了至 2020 年山洪灾害防治的目标和建设任务。

水利部、财政部于 2009 年在 103 个县开展了山洪灾害防治非工程措施建设试点。通过试点，各地在监测预警系统设计和开发、预警设备研制、责任制和群测群防体系建立、防御预案制定和宣传培训演练等非工程措施，以及项目建设管理模式方面取得了一些经验。

（二）县级非工程措施项目建设（2010—2012 年）

根据国务院常务会议精神，2010 年 11 月，水利部、财政部、国土资源部、中国气象局等部门在非工程措施试点建设基础上，联合启动了山洪灾害防治县级非工程措施项目建设。截至 2012 年，初步建设了覆盖全国 29 个省（自治区、直辖市）和新疆生产建设兵团 2058 个县的山洪灾害防治非工程措施体系。全国累计投资 117 亿元，其中中央财政补助资金 79 亿元，地方落实建设资金 38 亿元。

（三）全国山洪灾害防治项目建设（2013—2015 年）

依据《全国山洪灾害防治规划》和《全国中小河流治理和病险水库除险加固、山洪地质灾害防御和综合治理总体规划》，2013 年 5 月，水利部和财政部联合印发了《全国山洪灾害防治项目实施方案（2013—2015 年）》，在前期实施的项目建设基础上，明确了 2013—2015 年山洪灾害防治调查评价、非工程措施补充完善和重点山洪沟防洪治理三项主要建设任务并分年度实施。全国累计投资 143 亿元，其中中央财政补助资金 116 亿元，地方落实建设资金 27 亿元。

（四）全国山洪灾害防治项目建设（2016—2020 年）

2016—2020 年全国山洪灾害防治项目主要是利用山洪灾害调查评价成果，优化自动监测站网布局，继续完善监测预警系统，升级完善省级山洪灾害监测预警平台，复核、检验预警指标，补充升级预警设施设备，持续开展群测群防组织开展示范建设，继续实施重点山洪沟防洪治理。全国累计投资 92 亿元，其中中央财政补助资金 75 亿元，地方落实建设资金 17 亿元。

（五）全国山洪灾害防治项目建设（2020—2023 年）

1. 持续推进山洪灾害调查评价

开展新增山洪灾害隐患点及新增县的调查评价工作，开展重点区域调查评价成果检验、率定和复核，不断提高预警指标精准度（张志彤，2016）。

2. 巩固完善山洪灾害监测预警平台

县级监测预警平台功能和管理使用能力不足，预警发布覆盖面与社会和行业需求期待相比还有差距。需巩固完善提升省级监测预警平台，建立健全信息共享、多阶段风险分析和多渠道预警发布功能，强化监测站点和平台的在线监控监管，实现省级部署、多级应用，以省级为实施主体，持续提升省、市、县山洪灾害监测预警平台技术，开展重点省的省级数据同步共享系统建设，将监测预警平台和视频会商系统延伸到重点乡镇（水利部，2020；张志彤，2016）。

3. 调整优化项目组织管理方式

按照"确有所需、突出重点"的原则，继续开展山洪灾害防治项目建设，探索采用申报制。根据山洪灾害调查评价成果，突出防御重点，区分重点防治区和一般防治区范围，采取差异化的建设模式。向相关部门和公众推送监测预警信息，扩大预警范围和对象；加强学校、旅游景区等人口密集地区的预警能力建设（郭良，2019；张志彤，2016）。

山洪灾害防治项目创建了适合我国国情的群众专家结合的山洪灾害防御体系，填补了我国山洪灾害监测预警系统的空白，作为我国水利建设史上投资最大、涉及面最广、受益人数最多的以非工程措施为主的防洪减灾项目，被山区广大群众和地方政府誉为"生命安全的保护伞"和"费省效宏惠泽民生的德政工程"（郭良，2019）。

第五节　浙江省山洪灾害防治简介

浙江省地处中国东部沿海，降雨量充沛且主要集中在汛期，同时地形具有"七山一水二分田"的特征，加之水文和人类活动等因素的影响，山洪灾害频发，影响范围涉及 69

个县，超过浙江省全省总县数的3/4。山洪灾害不仅对基础设施、居民财产造成毁灭性破坏，而且对人民群众的生命安全构成极大的威胁，严重制约浙江省山丘区经济社会的可持续发展。浙江省省委、省政府历来高度重视山洪灾害防治工作，自2010年以来，按照国家防汛抗旱总指挥部统一部署，多批次、全覆盖开展山洪灾害防治项目建设。

一、非工程措施

1. 完善山洪灾害防御机制

浙江省构建了防汛防台抗旱指挥部指挥协调、水利部门牵头、相关部门配合，基层地方政府负责的山洪灾害防御工作机制。各级各部门各尽其责，加强协同；水利部门组织编制山洪灾害防治规划和防护标准并指导实施，组织开展山洪灾害防御区域识别、山洪灾害预警指标设定，负责山洪灾害防治工程措施建设技术审核和监测预报预警，指导基层做好山洪灾害防御、转移危险区域人员等工作；应急管理部门组织推进应急避灾安置场所建设，统筹做好应急抢险救援等工作；自然资源部门负责地质灾害风险排查和隐患治理，提供地质灾害风险和预警信息；气象部门负责提供降雨预报和监测信息，协同做好预警工作；公安部门负责秩序维护和交通管制，协助做好人员强制转移；建设部门负责山洪灾害风险区村居建房质量安全监管和危旧房治理改造；交通运输部门负责人员转移道路规划建设和受损道路紧急抢修；农业农村部门负责梯田维护和安全监管，提高农田防灾减灾能力；文化和旅游部门负责提供旅行社组织的旅游团队人员信息，指导旅行社的旅游团队有序撤离；通信部门负责监督、指导和协调基础电信运营企业做好山洪区域通信保障，根据需要，组织发送应急预警短信；其他部门和单位在各自职责范围内做好业务指导和技术支撑工作。按照属地管理原则，各地各有关部门、乡镇人民政府（街道办事处）应当按照预警等级和预警范围，根据必要、及时的原则，依法组织转移易受灾害危及人员，村（居）民委员会、有关单位协助做好人员转移工作。推动县级计算机网络及会商系统建设，建设并完善县（市、区）级计算机网络及会商系统、乡镇视频会商系统，实现了省、市、县防汛视频会商，以及县与乡镇的视频会商（浙防指办，2020；于桓飞，2016）。

2. 完善山洪灾害群测群防体系

浙江省建立了乡镇"七个有"（有办事机构、有应急预案、有值班人员、有值班记录、有信息系统、有抢险队伍、有防汛物资），村（社区）"八个一"（一张责任网格、一张预案图表、一套简易监测预警设备、一个避灾场所、一批防汛救灾物资、一套警示牌、一套宣传资料、一次培训演练）的山洪灾害群测群防体系，全面建立乡包村、村包组、干部党员包群众的"包保"责任制，落实自然村、工矿企业、学校、医院、旅游景区、农家乐、涉河管理单位等的监测预警、人员转移、避灾管理责任人。组织编制全面覆盖、责任清晰、简洁实用的山洪灾害防御预案，绘制村级防汛防台形势图，定期更新防御对象和责任人清单（浙防指办，2020）。

3. 加强山洪灾害风险区识别

按照"全面覆盖、不留死角"的要求，浙江省将山丘区所有城镇，乡（镇、街道），村（社区）纳入山洪灾害防御范围。水利部门会同应急管理、自然资源、气象等部门组织乡（镇、街道），依据《浙江省山洪灾害调查工作指南》，开展山洪灾害风险调查评价，划定山洪灾害风险区，评价风险等级，建立三张清单一张图（防御对象清单、责任清单和举措清单，绘制山洪灾害风险图），并实行动态更新。浙江已完成全省 68 个县（市、区）内 1568 条受山洪灾害威胁小流域的山洪灾害普查，完成了山丘区 18919 个受山洪灾害威胁的自然村的山洪灾害调查工作，基本摸清了浙江省山洪灾害防治区的基本情况、位置分布、灾害类型、历史灾害情况及防治现状（浙防指办，2020；于桓飞，2016）。

4. 加强监测预报预警能力建设

浙江省水利厅会同省气象局按照"省级部署建设，市县分级应用"的原则，开发山洪灾害预报预警系统，由各级水利、气象部门联合发布山洪灾害气象预警。"省级统建、省市县共用"的山洪灾害防御数字化应用建成并投入试运行，山洪灾害预警实现了从监测预警向监测与预报预警并行的转变，有效延长了预见期。近年来，浙江省大力推进山洪灾害声光电预警设备安装，从单靠"吹哨人"到联合"预警机"，大幅提升夜间突发山洪或极端条件下山洪防御"村自为战"能力，较好解决各种原因导致的不报、漏报、迟报等问题（浙防指办，2020；陈烨兴，2021）。

5. 提升短临天气灾害防范能力

为进一步明晰高等级预警叫应工作流程及要求，浙江省根据"1833"联合指挥体系及预警叫应工作机制，细化制定了《防汛防台"1833"联合指挥体系高等级预警叫应工作指引》，牢固树立"一个目标、三个不怕、四个宁可"理念，坚持系统思维、底线思维、极限思维，坚持"提级对待、提级谋划、提级部署、提级应对"，立足超强台风正面登陆、贯穿全省的最不利局面，高效运行"1833"联合指挥体系，切实做到预警响应联动、研判督导贯通。2023 年 8 月，浙江省杭州市围绕"不死人、少伤人"工作目标，创新出台《乡镇、村社短临极端天气灾害防范应对双十条工作举措（试行）》，解决短临极端天气灾害防范应对难点痛点问题，真正发挥"乡自为战、村自为战"作用。

二、工程措施

在"十三五"期间，浙江省着力推进水利基础设施建设，提升安全保障能力。"百项千亿"防洪排涝工程全面推进，建成钦寸、黄南等 7 座大中型水库，新增水库总库容 5.1 亿 m^3，加固干堤海塘 720km，主要江河干堤达标率提高至 87%，新增强排能力 2050m^3/s，杭嘉湖、萧绍、宁波等平原强排基本成网。完成 623 座水库除险加固、3020 座山塘整治、148 万亩圩区综合整治。"十三五"期间，全省共投入地质灾害隐患综合治理资金 52.8 亿元，实施工程治理和避让搬迁项目 4551 个，减少受威胁人数 14.57 万人，基本消除威胁 30 人以上的重大地质灾害隐患点 1454 处，减少地质灾害隐患点 5769 处。

第二章 区域概况

第一节 自然地理

浙江省地处中国东南沿海长江三角洲南翼,地跨北纬 27°02′~31°11′,东经 118°01′~123°10′。东临东海,南接福建,西与江西、安徽相连,北与上海、江苏接壤。境内最大的河流钱塘江,因江流曲折,称之江,又称浙江,省以江名,简称"浙"(图 2-1)。

中国地图

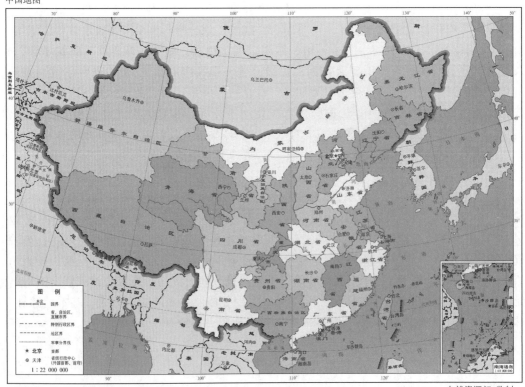

审图号:GS(2016)2879号

自然资源部 监制

图 2-1 浙江省地理位置图

浙江东西和南北的直线距离均为 450km 左右,陆域面积 10.55 万 km²,是中国面积较小的省份之一。全省陆域面积中,山地占 74.6%,水面占 5.1%,平坦地占 20.3%,故有"七山一水二分田"之说。浙江海域面积 26 万 km²,面积大于 500m² 的海岛有 2878个,大于 10km² 的海岛有 26 个,是全国岛屿最多的省份。

浙江地势由西南向东北倾斜，地形复杂，丽水龙泉市境内海拔 1929m 的黄茅尖为浙江最高峰。水系主要有钱塘江、瓯江、灵江、苕溪、甬江、飞云江、鳌江、曹娥江八大水系和京杭大运河浙江段，钱塘江为浙江第一大江。湖泊主要有杭州西湖、绍兴东湖、嘉兴南湖、宁波东钱湖四大名湖，以及人工湖泊千岛湖等。地形大致可分为浙北平原、浙西中山丘陵、浙东丘陵、中部金衢盆地、浙南山地、东南沿海平原及滨海岛屿等六个地形区。

第二节　区　划　人　口

一、行政区划

浙江现设杭州、宁波、温州、嘉兴、湖州、绍兴、金华、衢州、舟山、台州、丽水 11 个地级市、37 个市辖区、20 个县级市、33 个县（含 1 个自治县）、618 个镇、258 个乡、488 个街道（图 2-2）。

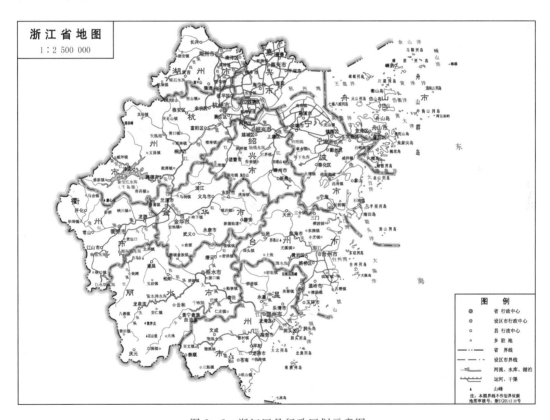

图 2-2　浙江区县行政区划示意图

二、浙江人口

据 2022 年全省 5‰人口变动抽样调查推算，年末全省常住人口 6577 万人，其中城镇人口为 4826 万人，农村人口为 1751 万人，全省城镇化率为 73.4%；0～15 岁的人口为907 万人，占总人口的 13.8%；16～59 岁的人口为 4341 万人，占总人口的 66.0%；60

岁及以上的人口为 1329 万人,占总人口的 20.2%;其中 65 岁及以上人口为 981 万人,占比为 14.9%。

第三节　经　济　发　展

一、综合

根据国家统一初步核算,2022 年全省生产总值为 77715 亿元,2011—2022 年全省生产总值及增长速度如图 2-3 所示。分产业看,第一、二、三产业增加值分别为 2325 亿元、33205 亿元和 42185 亿元,三次产业结构为 3.0:42.7:54.3,2021 年各产业增加值占生产总值比重如图 2-4 所示。人均地区生产总值为 118496 元(按年平均汇率折算为 17617 美元)。

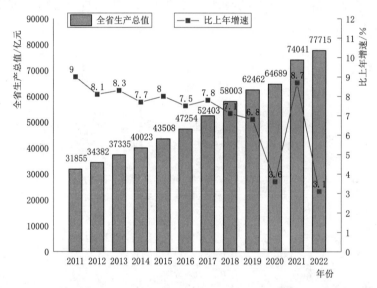

图 2-3　2011—2022 年全省生产总值及增长速度

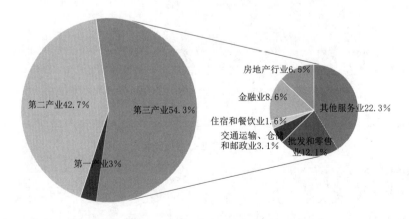

图 2-4　2022 年各产业增加值占生产总值比重

2022年全年居民消费价格月度涨跌幅度如图2-5所示，商品零售价格上涨3.2%，全年工业生产者出厂价格上涨4.0%，工业生产者购进价格上涨6.1%。2022年居民消费价格指数情况见表2-1。

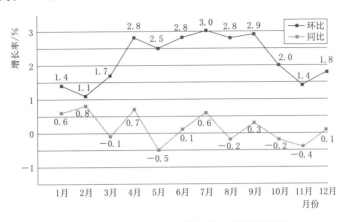

图2-5 2022年居民消费价格月度涨跌幅度

表2-1 　　　　　　　　　　　2022年居民消费价格指数情况（上年＝100）

指　　标	全省	城市	农村
居民消费价格指数	102.2	102.2	102.2
其中：食品烟酒	102.6	102.6	102.5
其中：食品	102.7	102.8	102.5
其中：粮食	101.4	101.3	101.6
衣着	100.4	100.2	101.2
居住	100.7	100.6	101.1
生活用品及服务	101.8	101.6	102.2
交通通信	105.1	105.1	105.0
教育文化娱乐	103.1	103.4	101.5
医疗保健	100.3	100.2	100.9
其他用品及服务	101.8	101.8	101.8

2022年年末就业人员3930万人，占常住人口的59.8%。全年城镇新增就业115.6万人。帮扶困难人员就业12.8万人，城镇调查失业率低于5.5%的控制目标。农民工总量为1368万人，增长2.1%。

新动能持续引领增长。全年以新产业、新业态、新模式为主要特征的"三新"经济增加值占GDP的28.1%。数字经济核心产业增加值8977亿元，比上年增长6.3%。数字经济核心产业制造业增加值增长10.7%，增速比规模以上工业高6.5个百分点，拉动规模以上工业增加值增长1.7个百分点。2022年规模以上工业分产业增加值及增速见表2-2。在战略性新兴产业中，新能源、生物、新能源汽车、新一代信息技术产业增加值分别增长24.8%、10.0%、9.4%和9.3%。

17

表 2-2   **2022 年规模以上工业分产业增加值及增速**

产 业	增加值/亿元	比上年增长/%
规模以上工业增加值	21900	4.2
高技术产业	3683	11.5
高新技术产业	14291	5.9
装备制造业	9744	6.2
战略性新兴产业	7331	10.0
数字经济核心产业制造业	3532	10.7
节能环保制造业	2585	4.1
健康产品制造业	1137	6.4
时尚制造业	1682	−1.9
高端装备制造业	6411	5.4
文化制造业	606	−2.2

高质量发展持续推进。全年全员劳动生产率为 19.9 万元/人，比上年提高 2.2%。规模以上工业劳动生产率为 29.6 万元/人，一般公共预算收入 8039 亿元，扣除留抵退税因素后增长 5.5%，总量居全国第 3 位。地方政府一般债务收入 1059 亿元，转移性收入 5530 亿元。其中，税收收入 6620 亿元，扣除留抵退税因素后增长 2.0%，占一般公共预算收入的 82.3%，收入质量居全国前列。一般公共预算支出 12018 亿元，增长 9.1%。

服务业运行稳中有进。全年服务业增加值 42185 亿元，拉动全省生产总值增长 1.5 个百分点，对经济增长的贡献率为 50.4%。规模以上服务业企业营业收入 27167 亿元，增长 0.9%。2022 年规模以上服务业企业主要行业营业收入情况见表 2-3。

表 2-3   **2022 年规模以上服务业企业主要行业营业收入情况**

行 业	营业收入/亿元	比上年增长/%
总计	27167	0.9
交通运输、仓储和邮政业	6432	−2.2
信息传输、软件和信息技术服务业	11611	−1.0
房地产业（除房地产开发经营）	932	−0.3
租赁和商务服务业	4698	10.3
科学研究和技术服务业	2091	6.6
水利、环境和公共设施管理业	289	−8.9
居民服务，修理和其他服务业	269	−3.2
教育	74	−32.1
卫生和社会工作	373	8.3
文化、体育和娱乐业	397	−3.7

民营经济活力增强。全年民营经济增加值占全省生产总值的比重为 67%。规模以上工业中民营企业数量突破 5 万家，占比 92.2%；增加值突破 1.5 万亿，占比 70.3%，增

长 5.2%，增速比规模以上工业高 1.0 个百分点，对规模以上工业增加值的增长贡献率为 83.2%。规模以上服务业民营企业营业收入增长 2.0%，增速高出规模以上服务业 1.1 个百分点。民间投资占固定资产投资总额的 56.4%。民营企业进出口增长 16.9%，占全省 78.3%，比重提升 2.5 个百分点，拉动全省进出口增长 12.8 个百分点。

二、人民生活和社会保障

根据 2022 年城乡一体化住户调查，全体及城乡居民人均可支配收入分别为 60302 元、71268 元和 37565 元。城乡收入比为 1.90，全省低收入农户人均可支配收入为 18899 元，其中，山区 26 县低收入农户人均可支配收入为 17329 元，增速比全省低收入农户平均水平高 1.2 个百分点，2022 年居民人均收支主要指标见表 2-4。

表 2-4　2022 年居民人均收支主要指标

指标	全省居民		城镇常住居民		农村常住居民	
	绝对数/元	比上年增长/%	绝对数/元	比上年增长/%	绝对数/元	比上年增长/%
人均可支配收入	60302	4.8	71268	4.1	37565	6.6
工资性收入	34177	4.1	39718	3.4	22687	5.8
经营净收入	9880	6.3	10233	5.8	9149	7.3
财产净收入	7397	7.1	10397	6.5	1177	8.8
转移净收入	8848	3.8	10919	2.6	4552	8.3
人均生活消费支出	38971	6.3	44511	5.5	27483	8.1

全年居民人均生活消费支出 38971 元。按常住地分，城镇居民人均生活消费支出为 44511 元，农村居民人均生活消费支出为 27483 元。

2022 年年末全省参加基本养老保险人数 4520 万人，参加基本医疗保险人数 5577 万人，参加失业保险、工伤保险、生育保险人数分别为 1851 万人、2767 万人和 2186 万人。城乡居民养老保险基础养老金最低标准提高到 190 元/月。

2022 年年末在册低保对象 56.38 万人（不含五保），其中，城镇 5.68 万人，农村 50.7 万人。全年低保资金（含各类补贴）支出 61.4 亿元，城乡低保同标，平均每人每月 1083 元。全年发行各类福利彩票 124.4 亿元，比上年增加 8.1 亿元，筹集公益金 37.5 亿元。

第四节　河　流　水　系

一、河流数量

浙江是典型的江南水乡，有钱塘江、瓯江、灵江、苕溪、甬江飞云江、鳌江和曹娥江等八大水系，河流总长 13.78 万 km，其中流域面积 3000km² 以上的河流有 14 条，干流总长 3319km，其余均为面广量大的中小河流和农村水系。

浙江省中小河流具有数量多、分布广、沿岸人口集聚等特点，其中流域面积 50km² 以上中小河流 865 条，长度总计 2.08 万 km，50km² 以下农村水系总长 11.37 万 km。省内河流按照地形地貌特点，主要分为山区河流、平原河流两类，浙江省河流基本情况见表 2-5。

表 2-5 浙江省河流基本情况表

类 型	流域面积/km²	河流类别	数/条	河流长度/km
主要江河	≥3000	山区	14	3319
中小河流	<3000、≥200	山区	122	7036
	<200、≥50	山区	390	8824
		平原	339	4952
农村水系	<50	山区/平原	—	113669
合计	—		—	137800

二、河流特点

浙江省河流主要分为钱塘江、瓯江、灵江、苕溪、甬江、飞云江、鳌江、曹娥江八大水系以及浙江沿海诸河水系其他河流和流出浙江省界河流。八大水系中,钱塘江、甬江、椒江、瓯江、飞云江、鳌江独流入海;苕溪流入太湖,京杭大运河(浙江段)特指杭嘉湖东部平原河网。这些河流具有下述特点。

(一)山地河流

(1)汛期洪水大。主要河流比降为 2‰~10‰,大多在 4‰以上,洪水集中快,涨幅大。瓯江圩仁站集水面积 13500km²,历史最大洪峰流量达 30400m³/s,1952 年 7 月 20 日实测洪峰流量为 23000m³/s;钱塘江芦茨埠站集水面积为 31650km²,1955 年 6 月 22 日实测洪峰流量达 29000m³/s,防汛任务十分艰巨。

(2)枯水期流量小。由于降水不均和取用水量大,河流枯水流量很小。遇到干旱年份,中、小河流多数断流,如 1934 年钱塘江富春江河段的芦茨埠站最枯流量只有 15.4m³/s。1967 年 10 月,钱塘江上游衢州站枯水流量仅 0.1m³/s,金华江金华站只有 0.5m³/s,这两个测站以上集水面积均超过 5000km²。瓯江圩仁站 1967 年最枯流量只有 10.6m³/s,枯水期大多数河流供水水源不足。

(3)潮汐影响大。浙江省位于我国潮汐最大的地带,有河长 1/3 以上的河段受潮汐影响;钱塘江河口区长达 282km,占河流总长 42%。主要河口潮差很大,如钱塘江澉浦站最大潮差为 8.93m,瓯江龙湾站为 7.21m,椒江海门站为 6.87m,飞云江瑞安站为 6.76m。钱塘江河口可产生涌潮,涌潮的高度可达 3m;鳌江河口涌潮高度也达 1m。潮差大,潮区界距离长,对防潮、防洪和淡水资源利用带来不利影响。

(二)平原河流

在浙江的沿海平原中,有 12660km² 地势低平的河网地区,区内水网密布,河道纵横,每平方公里有河道 1.5~3.9km,河道总长度达 40000km 以上。为发挥平原河网调蓄水量、排泄洪涝、水运交通的作用,在一定范围内分级、分片进行控制措施,将各种功能的河道、湖泊相互连接,形成功能齐全的内河水系,洪涝时可向江河或海域排水,干旱时除利用大量河道蓄水外,还可调蓄区域内山区水库放水或从区域外引水补充。省内最大的平原河网是杭嘉湖东部平原河网(运河水系),省境内流域面积 6481km²,占全省平原河网面积的一半以上。运河水系面宽 10m 以上河道总长度 24600km,河网密度为 3.9km/km²,水面总面积 633km²,约占土地总面积的 10%,均为全省之冠。此外,尚有钱塘江南岸的萧绍河网，甬江流域的鄞奉、鄞西、姚北河网，椒江下游的椒北、温黄河网，瓯江和飞云江下游的温瑞、瑞平和鳌江下游的南港、江南等河网。

浙江的平原河网地区自然条件优越，素称"鱼米之乡"，虽然土地面积仅占全省面积12%，但人口和耕地却分别占30%和50%，国内生产总值占70%，是浙江经济最发达的地区。随着经济和社会发展，平原河网地区也面临一些新的问题，主要有以下几点：

（1）供水不足。过去河网地区水运和取水非常便利，随着用水量不断增加，特别是城市和工业用水增加，河网调蓄水量普遍不敷，难以满足城市和工业用水需要。

（2）水污染加剧。河网地区在非排水季节是一个封闭的水域，环境容量很小，随着废污水排放量增加，水质趋于恶化，许多地方已出现水乡有水不能用的局面。

（3）排水和调蓄能力下降。因侵占水域使河网调蓄容量和洪涝排泄通道断面减少，雨季常发生洪涝。

浙江历史上曾有一个稠密的湖泊群，主要分布在浙北杭嘉湖和浙东萧绍宁平原。由于自然淤积和人类活动影响，大部分湖泊已经湮没。现在尚存面积在 $1km^2$ 以上湖泊共 32 个，其中杭嘉湖平原 19 个，萧绍宁平原 12 个，浦阳江湖畈 1 个，以东钱湖为最大，面积 $19.9km^2$。

第五节　水　文　气　象

一、水文站概况

浙江现设的水文站网基本上能满足全省防洪抗旱、水资源合理开发利用、水环境监测、水工程规划设计等国民经济和社会发展的需要。截至 2022 年年底，全省共有水文站点 17033 个，其中水库水文站 4891 个，雨量站 4263 个，气象站 3926 个，河道水文站 2879 个，堰闸水文站 401 个，墒情水文站 339 个，潮位站 188 个，河道水位站 144 个，蒸发站 2 个。

浙江省现役水质监测断点涵盖了省内的众多水域，能够及时获取各地水质资料，为环境保护和水安全提供可靠的依据。截至 2022 年年底，全省共有省控以上水质监测断面 296 个，其中省控断面 136 个，国控断面 160 个。

二、水文特征

（一）水文分区

根据浙江省多年水文气候观测研究，全省主要以钱塘江为界分为浙东、浙西两大区。浙东区以台风暴雨型为主，浙西区以梅雨型为主。浙江水系状况如图 2-6 所示。

（二）降水

全省多年平均降水量 1604mm。各地为 1100～2400mm。降水量的分布有明显的地区差异。总的分布趋势是自西向东，自南向北递减，其中山区大于平原，沿海山地大于内陆盆地。东南沿海山区为 1800～2000mm，西部山区为 1800～2000mm，浙北地区的杭嘉湖平原、宁绍平原和舟山群岛为 1000～1300mm，钱塘江中上游的金衢盐地、曹娥江的新嵊盆地为 1300～1400mm。降水量随高程增加而渐增，大约每 100m 高差递增 40～80mm，实测年最大点雨量 3687.1mm（苍南县黄奋站，1990 年），实测最小年降水量 571.6mm（六横岛，1967 年）。多年平均降水量的高值中心与低值中心的比值为 2。

降水在年内分配受季风进退迟早和台风活动影响，分配很不均匀。多年平均连续 4 个

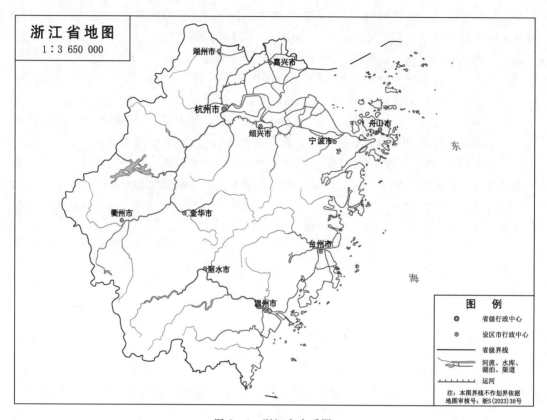

图 2-6 浙江省水系图

月（梅控区出现在 4—7 月，台控区 6—9 月）降水量占全年降水量的 50% 左右。全省降水的年际变化较大，实测年最大、最小的比值为 1.78～3.27。

（三）蒸发

全省水面蒸发量地区分布总的趋势自沿海向内陆递减，由南往北递减，沿海大于内陆，平原和盆地大于山地。全省水面蒸发量为 800～1200mm，山区为 900～1000mm，海岛地区为 1000～1200mm，以浙南为最大。沿海是高值区，西部山区是低值区，金衢盆地植被稀疏，气温高，日照足，是又一个高值区。全省水面蒸发量 7 月、8 月为最大，最大月蒸发量占全年的 17% 左右，1 月、2 月蒸发量最小，最小月蒸发量只占全年总量的 3%～4%。年最大、最小水面蒸发量的比值为 1.3～1.5。各地多年平均陆地蒸发量为 600～800mm，全省多年平均蒸发量为 696.7mm。

（四）径流量

全省多年平均河、川径流总量（地表水资源总量）为 943.85 亿 m^3，平均径流系数 0.57，平均产水模数为 90.9 万 m^3/km^2。年径流地区分布不均，总的趋势是山区大于平原，同纬度地区内陆径流大于海岛。径流的年内分配不均匀，多年平均 5—9 月径流量占年径流量的 60%～70%。雨型在梅雨主控区呈单峰型，在台风雨主控区呈双峰型。径流的年际变化剧烈。年径流变差系数为 0.26～0.40，全省平均值是 0.31，趋势为浙西、浙北大于浙东南。相同站最丰、最枯年径流之比为 2.6～5.67。

全省山丘区多年平均地下水资源量为 199.13 亿 m³，平原区多年平均地下水资源量为 22.37 亿 m³，两者之和扣除山丘区补给平原区的重复计算量 0.40 亿 m³，则全省多年平均地下水资源总量为 221.10 亿 m³。

（五）泥沙

全省河流中悬移质含沙量较小，其多年均值除曹娥江悬移质含沙量大于 0.5 kg/m³ 外，其余河流均小于 0.5 kg/m³。河流中的悬移质泥沙从上游向下游逐渐增加，在河口地区，因受海域来沙的影响，河口悬移质含沙量远大于河流的悬移质含沙量。含沙量的变化规律是汛期含沙量较大，枯季含沙量较小；丰水年大，枯水年小。

（六）水资源总量、入海水量和出入境水量

全省水资源总量为 955.41 亿 m³，单位面积水资源拥有量 92.1 万 m³/km²，人均水资源占有量 2126 m³，低于全国平均水平。年内水资源分配不均，由于降水的集中，绝大部分产流以洪水径流形式注入大海，能够被利用的量较少。河流源短，入海河流感潮段长，淡水水资源利用率低。水资源的地区分布与人口、耕地和经济布局不相适应。全省多年平均入海水量 823.05 亿 m³，其中八大水系多年平均入海水量 786.10 亿 m³。多年平均入境水量 69.51 亿 m³，多年平均出境水量 71.53 亿 m³。

（七）水质

1. 地表水水质

2022 年，全省地表水总体水质为优。江河干流总体水质为优，平原河网部分河流（段）超《地表水环境质量标准》（GB 3838—2002）Ⅲ类水质标准，湖泊水库营养状态为中营养或贫营养。根据全省 296 个省控以上断面监测结果统计，水质达到或优于地表水环境质量Ⅲ类标准的断面占 97.6%（其中Ⅰ类占 11.8%、Ⅱ类占 47.0%、Ⅲ类占 38.9%），Ⅳ类占 1.7%，Ⅴ类占 0.7%，无劣Ⅴ类断面（图 2-7）。

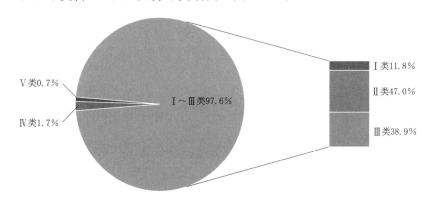

图 2-7　浙江省地表水水质状况

八大水系及京杭运河。钱塘江、瓯江、灵江、苕溪、甬江、飞云江、鳌江、曹娥江等八大水系及京杭运河所有断面均达到或优于Ⅲ类。

平原河网。水质为Ⅱ～Ⅴ类，其中Ⅱ～Ⅲ类水质断面占 91.4%，Ⅳ类占 5.7%，Ⅴ类占 2.9%。

湖泊水库。水库水质总体为优，为Ⅰ～Ⅲ类；西湖、东钱湖和南湖水质均为Ⅲ类。湖泊水库营养状态为中营养和贫营养。

交接断面。全省跨行政区域河流交接断面中，Ⅰ～Ⅲ类水质断面占98.6%，Ⅳ类占1.4%，满足水环境功能区目标水质要求断面占99.3%。

2. 地下水水质

2022年，全省拥有60个国家地下水环境质量考核点位，包括区域点位47个、风险点位12个和饮用水点位1个。水质为Ⅰ～Ⅴ类，其中Ⅰ～Ⅲ类16个，占26.7%；Ⅳ类24个，占40.0%；Ⅴ类20个，占33.3%。

3. 饮用水水源水质

浙江省高度重视水源质量和居民供水安全，2022年全省县级以上城市集中式饮用水水源94个，个数达标率为100%，设区城市主要集中式饮用水水源个数达标率为100%，全省饮用水环境得到显著提高。

三、气象气候

浙江位于我国东部沿海，处于欧亚大陆与西北太平洋的过渡地带，该地带属典型的亚热带季风气候区。受东亚季风影响，浙江冬夏盛行风向有显著变化，降水有明显的季节变化。由于浙江位于中、低纬度的沿海过渡地带，加之地形起伏较大，同时受西风带和东风带天气系统的双重影响，各种气象灾害频繁发生，是我国受台风、暴雨、干旱、寒潮、大风、冰雹、冻害、龙卷风等灾害影响最严重的地区之一。

浙江气候总的特点是：季风显著，四季分明，年气温适中，光照较多，雨量丰沛，空气湿润，雨热季节变化同步，气候资源配置多样，气象灾害繁多。春季主要气象灾害有阴雨、倒春寒等，夏秋季主要气象灾害有台风、暴雨、干旱等，冬季主要气象灾害有寒潮、雨雪等。浙江年平均气温15～18℃，年平均日照时数1100～2200h，年均降水量1100～2000mm。

四、浙江省水文极值简介

（一）暴雨洪水

浙江省洪水主要是台风暴雨、梅雨暴雨造成，个别年份还出现东风波暴雨和冬季暴雨产生的洪水。

梅雨暴雨发生在春末夏初，其特点是历时长，一般可达3～7d；范围大，一般笼罩面积在数万平方千米，强度相对较小。最典型的是1955年6月发生于浙江西部地区的大暴雨，次暴雨量在300～700mm，200mm雨量笼罩面积达4.8万km^2，钱塘江出现历史性大洪水，芦茨埠站洪峰流量为1539年以来第三次洪水。1969年7月5日新安江、分水江梅雨暴雨洪水，此次暴雨范围不大，历时短，强度很大。分水站洪峰流量12200m^3/s；新安江罗桐埠站用水库水位反推流量为16800m^3/s，在近百年中序位第三。

台风暴雨多发生在7—9月，其特点是历时短、强度大、范围相对较小。最典型的是1956年8月由"195612"（温黛）号强台风所造成的暴雨，历时仅1d左右，四明山、天目山、龙门山出现三个暴雨中心，浦阳江、曹娥江、甬江、东苕溪均发生大洪水。2004年"200414"（云娜）台风期间乐清砩头站最大24h暴雨达863.5mm，2005年9月3日临安昌化站60min暴雨达172.9mm，3h暴雨达441.3mm，这些都刷新了浙江省暴雨纪录。

东风波暴雨洪水最典型的是1988年7月发生在宁海、奉化、嵊州、新昌、三门等5

县（市）交界的天台山地区的一次强度大、历时短的特大暴雨，中心暴雨量 450～500mm，历时 14～16h。有不少站 6h、12h 暴雨量打破当时的全省纪录。洪家塔水文站洪峰流量达 2280m³/s，打破历史调查洪水纪录。

冬季暴雨洪水最典型的是 1982 年 11 月 28 日雁荡山出现的大暴雨。李家山站 24h 雨量达到 303.6mm，在乐清、温岭的雁荡山 300mm 暴雨笼罩面积 150km²。冬季出现这样高强度的暴雨，是 1949 年以来第一次。

（二）风暴潮

风暴潮是滨海地区最为严重的自然灾害，浙江沿海潮位最高值都是由于台风引起的风暴潮所造成的。天文潮高潮位时的"增水值"大小决定台风暴潮潮位的高低，根据浙江省实测资料统计分析，天文潮高潮位时的增水为 1.5～2.4m。中华人民共和国成立以后浙江省主要风暴潮灾害有"195612"号、"199417"号（弗雷德）、"199711"号（芸妮）、"200414"号、"200608"号（桑美）等 5 场，台风登陆特征比较见表 2-6。

表 2-6　　　　　　　　　　　　台风登陆特征比较表

台风编号	登陆地点	300mm 雨量笼罩面积/km²	登陆时近中心最大风速/(m/s)	登陆时中心气压/hPa	增水/m
195612	象山石浦镇	—	65	923	2～4
199417	瑞安梅头镇	5200	40	960	2.08
199711	温岭石塘镇	3000	40	955	2.19
200414	温岭石塘镇	7000	45	950	3.58
200608	苍南马站镇	900	60	920	3.73
202004	乐青柳市镇	—	38	970	2.05

其中"195612"号、"200608"号台风登陆时中心气压特别低，风速特别大，"200608"号登陆时苍南霞关实测最大风速 68.0m/s，这个纪录不仅破了浙江省历史测得最大风速 59.6m/s，就是在登陆我国大陆的台风实测极大风速中也属十分罕见。"200414"号台风降雨强度大，笼罩面积广。由于台风产生风暴增水正好与天文潮的高潮位碰头，"199417"号台风登陆时，瑞安、温州一带产生超过以往实测的特高潮位；"199711"号登陆时，浙江沿海出现特高潮位，台州湾以北沿海及钱塘江河口的实测潮位超过以往最高潮位 0.25～1.05m。而"195612"号、"200608"号台风虽然风暴增水高，但所幸正值天文低潮，沿海潮位反倒不是历史实测最高。"200414"号台风登陆时虽然未碰上农历天文大潮，但由于正值当日晚高潮时期，加上风速大、降雨集中，造成登陆点附近高增水，登陆点以北沿海的海门、健跳站实测高潮位分别超过警戒潮位 1.82m、0.50m。

第六节　浙江省历史山洪灾害

一、典型山洪灾害

由于浙江省特定的自然地理条件，降雨时空分布不均，致使水旱灾害频繁发生。较典型的几次山洪灾害如下：

1955年6月，钱塘江流域发生大洪水，浦阳江、曹娥江上中游、瓯江上游也都发生了较大洪水，最大开化密赛站雨量571mm，全省41县受淹。农田242.77万亩，损毁房屋5.29万间，死亡448人。

1956年，"195612"号台风于8月1日在象山石浦附近登陆，在四明山区、龙门山区、天目山区形成3个暴雨中心，最大天目山区市岭站3d雨量688mm，台风导致象山县南庄区门前涂海塘全线溃决，南庄平原一片汪洋，海水淹没农田11万亩，冲毁房屋7万多间，死亡3403人；全省受淹农田600万亩，损毁房屋71.5万间，死亡4925人。

1988年7月29日，宁海县遭受东风波影响，突降暴雨，最大降水量520mm，县境内凫溪、白溪、青溪山洪暴发，受淹房屋19.4万间，冲毁3970间，死亡182人，伤146人，洪水冲毁山塘水库146座，防洪堤146km，直接经济损失3.4亿元。

二、山洪引发地质灾害

泥石流是浙江省山洪引发的主要地质灾害之一，主要发生在深切狭窄沟谷和坡降较大的山区内。据统计，中华人民共和国成立以来，浙江省共发生泥石流200多处，大多属中小型泥石流。泥石流多发于强降雨或暴雨时段，对人民生命财产常造成重大损害。典型的如：1998年6月景宁县毛洋乡新建洋村5.5万 m^3 泥石流造成23人死亡，伤22人，直接经济损失300万元。2004年8月12至13日，"200414"号强台风在浙江省温岭市石塘镇登陆，这次台风降雨强度大，引发雁荡山麓、乐清市龙西乡、仙溪镇、福溪镇的9个村庄特大泥石流、滑坡等山洪灾害，死亡42人。2004年"200414"号台风期间浙江省共发生地质灾害62起，导致死亡44人，失踪5人。

滑坡是浙江省山洪引发的主要地质灾害之一，全省共有3854处，规模以小型为主，占92.9%。类型以土质滑坡为主，岩质滑坡次之。土质滑坡较集中分布于浙南、浙东南火山碎屑岩分布区；岩质滑坡主要分布于浙西北沉积岩分布区和新昌、嵊州、宁海等县（市）玄武岩区台地区。人为作用和汛期强降水是浙江省滑坡的主要原因，强降水期是滑坡的高发期。据统计，截至目前，全省因山洪诱发的滑坡共465处。典型的如：1990年9月平阳县山外村滑坡，总方量117万 m^3，造成5人死亡，14人重伤，100余人轻伤，毁房1073间，直接经济损失达1100万元。2019年8月10日凌晨，台风利奇马登陆浙江，导致浙江省温州市永嘉县岩坦镇山早村发生山体滑坡，山洪暴发，水位陡涨，造成特大自然灾害，导致27人死亡，5人失联。

2012年至2021年，浙江省洪涝灾害直接经济损失达1614亿元，浙江省2012—2021年洪灾损失及占全国损失比例见表2-7。

表2-7 　　　　　浙江省2012—2021年洪灾损失及占全国损失比例表

年 份		2012	2013	2014	2015	2016	2017	2018	2019	2020	2021	合计
损失/亿元	全国	3745	1301	2675	3156	1574	1661	3643	2143	1615	1923	23436
	浙江	65	49	284	603	55	225	138	47	18	130	1614
浙江占全国比例/%		1.7	3.8	10.6	19.1	3.5	13.5	3.8	2.2	1.1	6.8	6.9

面对频繁发生的洪涝干旱灾害，浙江省逐步强化了防洪抗旱工程措施建设，使防汛防台抗旱能力得到不断提升。钱塘江、瓯江、苕溪、浦阳江、曹娥江等主要江河近年来不同程度地开展了江堤工程建设，防洪能力有了一定的提高：主城区基本形成防洪封闭圈，县级以上城市防洪标准达到20～50年一遇标准；全省沿海重要的、大的标准海塘闭合区已经形成，防洪御潮能力已有显著提高，部分已经受了如"200414"号、"200415"号（卡努）强台风、"200608"号超强台风、"200716"号（罗莎）超强台风的严峻考验，海塘安然无恙且发挥了很大作用；实施了千库保安项目，大幅度提高了水库的安全度，使水库对所在流域的干流或支流的洪水调控发挥了更大的作用，在防洪、灌溉、发电、供水（抗旱、抗咸）等方面产生了巨大的经济与社会效益。

经过多年整治，大江大河防洪工程标准逐步提高，防洪抗旱的能力进一步增强。当前，极端天气增多、小流域防洪标准低、居民防灾意识弱等原因使得小流域山洪防御能力在短期内难以大幅度全面提高。近年来，小流域洪水及其诱发的滑坡、泥石流等山洪灾害频频造成重大人员伤亡和财产损失事件，已成为浙江省洪涝台灾害中较为严重的一种灾害。据近5年的统计，共发生较大的山洪灾害200余次，伤亡人数在洪涝台灾害中的比重高达70%以上。如何做好山洪灾害防范工作，提高减灾抗灾能力，减少山洪灾害造成的损失、减轻因灾人员伤亡已成为当前迫切需要解决的问题。

三、短临极端气象灾害

短临极端气象灾害是指灾害强度和规模均超过了正常的气象条件，对人类社会和自然环境造成严重破坏且持续时间极短的气象灾害事件。短临极端气象灾害具有强度高、突然性强、持续时间短、危害大、预报预警极为困难等特点，是浙江省山洪灾害的主要诱因之一。由于气候变化，近些年来，浙江省短临极端气象灾害频发，给各地造成了极大的人员伤亡和财产损失。例如，2023年7月杭州市富阳区短临气象灾害诱发小流域山洪32处、地质灾害险情144处，造成5人死亡、3人失联，危旧房损坏或倒塌26处、电力中断影响1619户、车辆进水42辆、道路中断21处，给当地居民正常的生产生活造成了巨大的负面影响。

面对短临气象灾害突发性强、预测预警难等问题，2021年5月，浙江省开展了极端天气短临预警分析应用的试点工作，充分利用信息化手段提高极端天气灾害的预警防范和协同处置能力，使得浙江省整体的短临气象灾害预报预警能力有了一定程度的提高。2023年8月，杭州市出台了短临极端天气灾害应对"双十条"硬核举措，聚焦短临极端天气灾害防范应对难点痛点问题，充分发挥基层自主决策能力，有效提高基层对短临气象灾害的应对能力。

第七节　浙江省山洪灾害的特点

流域气候环境、地理地貌决定历史暴雨洪水的基本特征和重现的概率。下垫面和人类活动影响，如土地利用变化、水利工程建设运行等改变产汇流规律，洪水经现代工程调节后，其发展过程也会相应发生显著变化，不同地区的环境、地形和人类活动等大不相同，其山洪特点也会随之呈现出一定的差异性。作为沿海人口密集丘陵地区，浙江省地形起伏较大、人类活动频繁且受季风影响显著，山洪成因复杂且易产生链式反应，危害巨大。

一、点多面广，受灾面大

浙江省山丘区小流域众多，其中控制面积在20～200km² 的小流域有2000余个，需治理的小流域有1795个。由于受客观条件限制，小流域两岸防洪基础设施薄弱，有的甚至没有设防，其河道两岸极易发生山洪灾害。据调查统计，浙江省有山洪灾害防治任务的县（市、区）有72个，占全省90个县（市、区）的80%；山洪灾害防治区面积达6.342万km²，占全省陆域面积的62.3%；受山洪灾害威胁人口640万人，占防治区总人口的39.1%；有992个乡镇10214个村直接受山洪灾害威胁，受灾面非常广。

二、破坏力强，灾情严重

山洪具有突发性、水量集中、破坏力大等特点，暴雨洪水瞬间成灾，极易造成人员伤亡、民房倒塌、耕地受淹、河道改道、公路中断等，对局部地区的经济和人民生命财产造成极大的危害。

如1999年9月4日，永嘉县受"9909"号热带风暴倒槽东风波扰动影响，小流域山洪暴发导致两座小型水库垮坝，直接经济损失7.35亿元；2004年8月13日，第"200414"号台风登陆后引发乐清市的龙西乡上山村一处特大泥石流山洪灾害；2005年9月3日晚，临安区遭遇罕见短历时特大暴雨袭击，02省道接官岭地段发生泥石流，造成直接经济损失3亿元。据不完全统计，自进入21世纪，全省发生较严重的山洪灾害共有31次，平均每年3次，直接经济损失达410亿元。

三、突发性强，防御难度大

浙江省特殊的地理环境，极易遭受台风和强对流天气产生的暴雨袭击。除了平原地区外，山洪灾害遍布全省，很难区分哪些地方是重点、哪些地方是非重点，预报、预测、预警难度很大。

台风暴雨强度强、总量大，是山洪及其次生地质灾害的主要诱因之一，台风暴雨诱发的山洪及山洪次生灾害具有频率低、群发性、成灾快、危害大等特点，防御难度极大。例如，台风"海葵"（2012年）和"利奇马"（2019年）影响期间，浙江天目山区台风暴雨雨量极值均超过500 mm，造成大面积内涝、山洪暴发、多处房屋倒塌、桥梁冲毁，给当地造成了巨大的损失。

夏秋季的局地强对流天气极易形成短历时强降雨，暴雨分布与山洪灾害在时间与空间上具有高度的一致性，极易诱发山洪灾害。短历时暴雨没有规律可循，突发性、随机性强，限于当今的科学技术水平，短历时强降雨预测预报的准确度不高，山洪灾害预警不确定性大，给防御工作造成极大的困难。

四、救援难度大，治理恢复难

由于浙江省山洪灾害易发地区大多分布在自然条件差、生态环境恶劣、经济社会欠发达、交通通信不便的地区，且经常在夜里发生。灾害来临时，进山的公路、通信、电力、水利等基础设施也会同时被冲毁，加之部分群众防灾意识淡薄，对人员应急转移不理解，因此实施救援、恢复生产难度大，代价高。

第三章 调查评价

山洪灾害调查与评价是对山区洪涝灾害的发生及其影响进行全面的调查、分析和评估的过程。其主要目的在于了解山洪灾害的相关信息和背景，发掘出影响灾害的主要因素，通过科学的数据分析和模拟计算，确认洪涝灾害风险的等级，为采取有效的防御措施、制订应急预案、规划水利工程等提供科学依据。

山洪灾害调查主要通过内业整理和现场调查，完成水文、气象资料收集、社会经济统计、小流域下垫面和暴雨洪水特征调查、涉水工程调查、历史山洪灾害和历史洪水调查、危险区调查、需工程治理山洪沟调查、山洪灾害防治非工程措施建设成果统计、河道断面测量和居民户详查等调查任务（LIU T，2022）。山洪灾害评价是在此成果基础上深入分析，完成小流域设计暴雨洪水分析、沿河村落水位流量关系分析、沿河村落现状防洪能力评价、危险区划分、预警指标和阈值分析、危险区图制作等分析评价任务（YAO，2016）。

山洪灾害调查评价在提高预警精度、规划管理和决策制定等方面具有重要作用。山洪灾害调查评价为安排下一步山洪防治项目提供决策依据；为补充完善山洪灾害防治非工程措施提供科学依据，包括升级完善各级山洪灾害监测预警系统平台、优化监测预警站点、完善各级防御预案等；为重点山洪沟工程治理提供基础资料（郭良，2017）。

第一节 山洪灾害调查

山洪灾害调查是对山洪灾害事件进行系统、全面的调查，并分析其产生的原因、规律和特点等。通过开展山洪灾害调查，可全面、准确地查清山洪灾害重点防治区基础信息，并建立山洪灾害调查成果数据库，为山洪灾害分析评价提供基础数据（水利部，2019）。

一、调查内容

山洪灾害调查内容主要包括资料收集、社会经济调查、危险区调查、监测预警设备调查、涉水工程调查、小流域核查、居民户详查、河道断面测量、历史洪水调查、重要乡（镇）地形图测量、山洪灾害调查成果整编。

（一）资料收集

资料收集首先统计确定各类山洪灾害调查对象，而后收集整理调查对象的基本信息。一般来看，需收集、整理如下资料：

（1）各级行政区划及其基本信息、县级社会经济统计资料以及县级统计年鉴等社会经济资料。

（2）水库、塘（堰）坝、桥涵、水闸、堤防等涉水工程资料。

（3）暴雨、洪水统计资料，水文测站整编之后的雨洪摘录资料等水文资料。

（4）地方志、水利志、年鉴、防汛总结、出版物等有关山洪灾害的记载资料，统计历史山洪灾害情况。

（二）社会经济调查

在进行山洪灾害调查时，应对地区的社会结构和经济状况进行调查，以便更清晰地了解该地区在山洪灾害发生时可能面临的风险，以及减少山洪灾害对该地区社会和经济带来的影响。社会经济调查通常包含以下内容：

（1）以行政村（居民委员会）、自然村（组）或企事业单位基层行政区划为单位，调查居民区人口、户数、耕地面积、住房座数。分类调查家庭财产和住房情况等基本信息。

（2）以县为单位进行抽样调查，确定居民家庭财产和住房分类标准。

（3）调查受山洪威胁的企事业单位情况，包括名称、类别、地址、驻地、占地面积、单位人数、房屋数量、固定资产以及年产值等。

（三）危险区调查

在山洪灾害调查中，危险区调查尤为重要。危险区调查是指对可能面临山洪灾害的区域进行调查，以确定危险区域等级和相应防治措施。危险区调查包含以下内容：

（1）初步确定危险区范围。根据下垫面条件、现场查勘、实地走访等，调查历史最高洪水位或可能淹没最高水位。合理确定沿河村落、乡（镇）中受山洪威胁的区域，在工作底图上勾绘危险区范围。

（2）调查危险区内的社会经济情况。对于一个行政村（居民委员会）或自然村（组）有多个危险区的，应分别命名以示区分，并对每个危险区分别进行调查。对于小于 10 户的散户居民区，可作为一个危险区进行调查。

（3）调查危险区内的人口、户数、总房屋数。分类调查家庭财产、住房情况等基本信息。

（4）确定每个危险区的转移路线和临时安置点。应遵循就近、快速、安全的原则，明确转移路线，确定临时安置点。转移路线不得跨河、跨溪，应避开易滑坡等地带。安置点应高于历史最高洪水位，避开滑坡、塌方等区域。

（5）现场确定成灾水位点，并做相应的标记。

（四）监测预警设备调查

在山洪调查中，监测预警设备调查是为了确保设备正常运转，并发挥其预期的防灾减灾效益。监测预警设备调查包含以下内容：

（1）调查统计不同时期和部门已建的雨量站、水位站、水文站以及气象站等自动监测站点和视频图像站点的基本情况。

（2）调查统计已建简易雨量站、简易水位站以及无线预警广播站等简易监测预警设备的基本情况。

（五）涉水工程调查

涉水工程是防洪抗灾的重要措施之一，对于山洪灾害的预防和防护有着重要的作用。涉水工程调查包含以下内容：

（1）对影响居民区行洪安全的塘（堰）坝、路涵、桥梁以及小型水库等涉水工程进行调查。

（2）调查容积在 1 万 m^3 以上、坝高在 2m 及以上的塘（堰）坝工程的容积、坝高以及坝长等基本信息。

（3）调查居民区附近、对河道行洪有较大影响的桥梁和路涵的高度、长度以及宽度等信息。

（六）小流域核查

小流域是山洪灾害的产生和发展的重要地点，对于灾害预防和控制有着重要的作用，因此需要进行小流域核查来掌握其一系列的信息。小流域核查内容如下：

（1）核对、修正小流域名称及下垫面信息。小流域命名宜简明确切、易于辨识，遵循当地的习惯叫法。

（2）应核查因新建水利工程、土地利用和植被类型改变等现势性变化信息。

（3）对于跨行政区划小流域，应按行政区划分别调查，按小流域统一汇总。

（七）居民户详查

调查居民户的详细信息，能够为制定应急救援方案、灾后恢复和重建工作提供科学数据。其调查内容如下：

（1）调查危险区范围内的居民户基本情况，包括户主姓名（或门牌号码）、家庭人口、建筑面积、建筑类型以及结构形式，房屋坐落位置是否临水和切坡等。

（2）测量居民户住房坐标和宅基高程，测量工作应执行《水利水电工程测量规范》（SL 197—2013）的有关规定。

（八）河道断面测量

河道断面测量是山洪灾害调查工作不可或缺的一个步骤，它为防洪减灾提供必要的科学依据，为山洪灾害控制提供支持和参考。河道断面测量主要调查内容如下：

（1）平面控制测量坐系。应采用国家大地坐标系 CGCS2000（或 WGS84 坐标系统）。

（2）高程控制系统。高程控制测量应按照 1985 国家高程基准起算；在已建立高程控制网的地区亦可沿用原高程系统；对远离国家水准点 10km 以上的地区，引测有困难时，可采用独立高程系统（假定高程系统）。

（3）分析评价对象应进行河道断面测量。同一组宜为三个横断面，一个纵断面，其中标注居民区成灾水位的横断面为控制断面，其高程控制测量应采用同一高程系统。如有多条支流汇入，每条支流应加测 1 个纵断面和 2～3 个横断面。

（4）断面位置设定、特征点选择、测量方法选定和精度要求可参照《河流流量测验规范》（GB 50179—2015）。

（5）横断面水上部分应测至历史最高洪水位 0.5～1.0m 以上；对于漫滩大的河流可只测至洪水边；有堤防的河流应测至堤防背河侧的地面；无堤防而洪水漫溢至与河流平行的铁路公路围圩时，应测至其外侧。

（6）纵断面测量宜沿沟（河）道深泓线（山谷线）布置，并向上下游断面外各延伸 100～200m。宜测量河道纵向水面线。

（7）对于控制断面上下游有水工建筑物（如堰、闸、涵洞等）时，断面测量应符合

《水工建筑物与堰槽测流规范》（SL 537—2011）的有关规定。

（8）进行断面测量时，应根据河道现场情况，描述断面形态和河床底质等属性，分段确定糙率值。

（9）成灾水位和历史洪水最高水位应符合下列要求：

1）将现场调查确定的成灾点按水面线或河道比降推算至控制断面。

2）测量控制断面处历史最高洪水位点经纬度和高程。

（九）历史洪水调查

通过历史洪水调查可以更好地根据历史数据，科学地预测、判断未来的洪水可能性和预防措施，有助于防洪减灾工作的顺利开展。历史洪水调查内容如下：

（1）历史洪水调查应按照《水文测量规范》（SL 58—2014）的规定进行。对近期发生的暴雨洪水，应现场调查灾害发生地点、各特征时段降雨量、控制断面的洪峰流量以及洪水造成的灾害情况，测量洪痕，计算洪水重现期。

（2）典型山洪灾害事件调查内容包括洪水调查、灾害发生时间、灾害发生地点、过程降水量、死亡人数、失踪人数、损毁房屋、转移人数以及直接经济损失等。洪水调查应按历史洪水调查的要求进行。

（十）重要乡（镇）地形图测量

重要乡（镇）地形图测量是山洪灾害调查工作不可或缺的一个步骤，它为分析、预测和防治山洪灾害提供了必要的数据和参考。其调查内容如下：

（1）地形图比例尺应为 1:2000 或更高，应以近期分辨率优于 1m 的遥感影像为底图。

（2）地形图测量可参照《洪水风险图编制导则》（SL 483—2017）。对重要乡（镇）进行现场查勘，补充测量必要的沟渠、道路等线状物的断面、高程点。

（3）重要乡（镇）内的调查应按照重点防治区调查内容进行。

（十一）山洪灾害调查成果整编

在调查完成后，应及时进行成果整编，对于合格成果整编入库，不合格成果返回重查。山洪灾害调查成果整编是指对山洪灾害调查所得到的数据和信息进行整理、分析和汇总的过程。整编后的成果可以用于制定山洪防治措施、评估山洪风险等。

二、调查技术路线

山洪灾害调查技术路线如图 3-1 所示。

三、调查流程

山洪灾害调查是一项复杂、系统的工作，需要在严密的策划准备、精心组织、协调配合的基础上才能按技术路线完成各项工作（WESTRAS，2014）。山洪灾害调查流程按工作性质主要分为 5 个阶段，即前期准备阶段、内业调查阶段、编制工作方案阶段、外业调查阶段、检查验收阶段，前面的阶段是后续阶段的基础，后续阶段是前面阶段的应用和完善。

（一）前期准备

前期准备主要包括确定调查人员、准备调查工具设备、采集现场数据、准备工作底图、准备基础数据库等，还要根据人员情况开展调查试点工作，并根据试点调查中发现的问题，完善或调整工作方案。

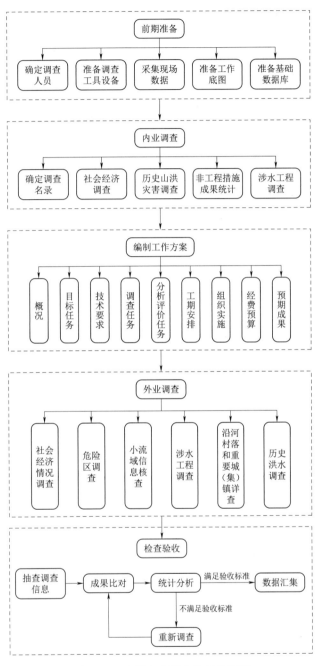

图 3-1 山洪灾害调查技术路线图

（二）内业调查

内业调查工作主要在室内开展，通过与水利、自然资源、气象、统计等部门沟通协调，收集山洪灾害调查所需的基本资料，进行整理、分析、录入、标绘、校核，为下一步外业调查准备好基础资料。内业调查主要工作内容包括确定调查名录、社会经济调查、历史山洪灾害调查、非工程措施成果统计和涉水工程调查等。

33

（三）编制工作方案

在内业调查整理的基础上，编制山洪灾害调查工作方案。方案主要内容包括：概况、目标任务、技术要求、调查任务、分析评价任务、工期安排、组织实施、经费预算、预期成果等内容。各地可根据实际情况，补充制定现场调查的具体标准和方法。

（四）外业调查

外业调查是根据现场目测、走访和辅助测量工具获取调查对象信息。外业调查将紧密结合内业调查的成果，对内业调查阶段确定的调查对象进行补充完善；对内业调查阶段遗漏或填错的对象或信息，进行更正或完善。外业调查主要工作内容包括小流域山洪防治区社会经济情况调查、危险区调查、小流域信息核查、涉水工程调查、沿河村落和重要城（集）镇详查、历史洪水调查等。

（五）检查验收

检查验收阶段。县级调查机构采取交叉作业的方式，抽取一定比例的调查信息，与已有成果进行对比，不满足验收标准的重新调查，直至满足验收标准为止。通过调查评价数据审核汇集软件，按预先设定的审核关系进行自动校审，发现错误及时处理。

第二节　山洪灾害分析评价

一、分析评价方法选择

（1）在进行分析评价之前，应根据调查结果确定分析评价名录，其格式见表 3-1。

表 3-1　　　　　　　　　　　　　分析评价名录

序号	县（区、市、旗）名称	县（区、市、旗）代码		
	行政区划名称	行政区划代码	所在流域代码	控制断面代码
1				
2				
…				

填表人：　　　联系电话：　　　复核人：　　　审核人：　　　填表日期：

注　1. 县（区、市、旗）名称：填写调查对象所在的县（区、市、旗）的名称。

　　2. 县（区、市、旗）代码：县（区、市、旗）名称对应的行政区划代码，采用山洪灾害调查成果填写。

　　3. 行政区划名称：填写沿河村落、乡（镇）等防灾对象的名称。

　　4. 行政区划代码：填写沿河村落、乡（镇）等防灾对象的行政区划代码。

　　5. 所在流域代码：填写防灾对象所在流域的统一代码，由系统自动给出。

　　6. 控制断面代码：填写防灾对象所在控制断面的代码，由系统自动给出。

（2）根据成果及资料，综合考虑资料的配套性、一致性以及完整性要求，对山洪灾害调查成果进行评估。基于评估结果和分析评价要求，选择合适的方法进行分析评价。

（3）对面积小于等于 $200km^2$ 的流域，可采用雨量预警指标进行雨量预警；对面积大于 $200km^2$ 的流域可采用水位预警，也可采用基于分布式水文模型的动态预警模式。

二、设计暴雨计算

（1）设计暴雨计算包括典型暴雨历时、典型频率的点面暴雨量和时程分配。

（2）暴雨历时包括标准历时（10min、1h、6h、24h）、流域汇流时间和自定历时 3 类。各地可根据当地暴雨图集和小流域特性，确定典型暴雨历时。

（3）设计暴雨计算的频率为 5 种：5 年一遇、10 年一遇、20 年一遇、50 年一遇和 100 年一遇。有条件的地区，可进行可能最大暴雨（PMP）的分析。

（4）应根据流域特征、资料条件，结合当地经验算法，对点面暴雨量和时程分配进行计算，具体可参照《水利水电工程设计洪水计算规范》（SL 44—2006）的有关规定。

（5）小流域设计暴雨成果汇总表与小流域汇流时间设计暴雨时程分配表的规范格式见表 3-2 和表 3-3。

表 3-2　小流域设计暴雨成果汇总表

序号	流域代码	历时	均值 $\overline{H}$	变差系数 C_V	C_V/C_S	重现期雨量值					
						* 可能最大暴雨（PMP）	100 年 $H_{1\%}$	50 年 $H_{2\%}$	20 年 $H_{5\%}$	10 年 $H_{10\%}$	5 年 $H_{20\%}$
1		10min									
		1h									
		6h									
		24h									
		汇流时间 τ									
		…									
2		10min									
		1h									
		6h									
		24h									
		汇流时间 τ									
		…									
…		10min									
		1h									
		6h									
		24h									
		汇流时间 τ									
		…									

填表人：　　联系电话：　　复核人：　　审核人：　　填表日期：

注　1. 流域代码：填写设计暴雨成果所在小流域的编码代码。

2. 历时：填写设计暴雨的时段，如 10min、1h、6h、24h、流域汇流时间 τ 及自定义时段等。

3. 均值 $\overline{H}$：填写设计暴雨各历时的均值。

4. 变差系数 C_V：填写各历时的变差系数 C_V。

5. C_V/C_S：填写各历时的变差系数 C_V 与偏态系数 C_S 的比值。

6. 重现期雨量值：填写可能最大暴雨（PMP）、重期现为 100 年、50 年、20 年、10 年和 5 年时各历时的雨量值，单位为 mm，取整数。

7. 如无资料，带 * 部分可不填。

表 3 - 3　　　　　　　　　　　　小流域汇流时间设计暴雨时程分配表

序号	流域代码	时段长	时段序号	重现期雨量值/mm						备注
				*可能最大暴雨（PMP）	100年 $Q_{1\%}$	50年 $Q_{2\%}$	20年 $Q_{5\%}$	10年 $Q_{10\%}$	5年 $Q_{20\%}$	
1										
2										
...										

填表人：　　联系电话：　　复核人：　　审核人：　　填表日期：

注　1. 流域代码：填写设计暴雨成果所在小流域的代码。

2. 时段长：填写各个小流域设计暴雨时程分布所采用的时段间隔，如1h、0.5h等。

3. 时段序号：填写1、2、3、…、n。

4. 重现期雨量值：填写可能最大暴雨（PMP）、重现期为100年、50年、20年、10年及5年时各历时的雨量值，单位为mm，取整数。

5. 如无资料，带 * 部分可不填。

三、设计洪水计算

（1）小流域设计洪水应假定暴雨与洪水同频率。计算控制断面处应按设计暴雨计算中的5种频率设计洪水。有条件的地区可分析可能最大洪水（PMF）。

（2）设计洪水要素包括洪峰流量、洪峰水位、时段洪量、上涨历时和洪水历时等。

（3）根据小流域水文特性、下垫面特征和资料条件，应选择当地水文手册规定方法进行设计洪水计算。在资料允许的条件下，可采用分布式水文模型等方法进行计算。

（4）控制断面的水位流量关系计算应按照《水利水电工程水文计算规范》（SL/T 278—2020）的有关规定确定成灾水位对应的临界流量。

（5）控制断面上下游有塘（堰）坝、小型水库、堤防以及桥涵等工程或受下游顶托、坡面流、冰川融水、坡积水等特殊情况影响的居民区，应按照当地的适用方法有针对性地进行分析评价工作。

（6）小流域控制断面设计洪水成果汇总表规范格式见表3-4。

表 3 - 4 小流域控制断面设计洪水成果汇总表

序号	行政区划名称	行政区划代码	流域代码	控制断面代码	洪水要素	重现期洪水要素值						备注
						*可能最大洪水(PMF)	100年 $Q_{1\%}$	50年 $Q_{2\%}$	20年 $Q_{5\%}$	10年 $Q_{10\%}$	5年 $Q_{20\%}$	
1					洪峰流量/(m³/s)							
					*洪量/m³							
					*涨洪历时/h							
					*洪水历时/h							
					洪峰水位/m							
2					洪峰流量/(m³/s)							
					*洪量/m³							
					*涨洪历时/h							
					*洪水历时/h							
					洪峰水位/m							
…					洪峰流量/(m³/s)							
					*洪量/m³							
					*涨洪历时/h							
					*洪水历时/h							
					洪峰水位/m							

填表人： 联系电话： 复核人： 审核人： 填表日期：

注 1. 行政区划名称：填写沿河村落、乡（镇）等防灾对象的名称。

2. 行政区划代码：填写沿河村落、乡（镇）等防灾对象的行政区划代码。

3. 流域代码：填写防灾对象所在流域的代码。

4. 控制断面代码：填写防灾对象所在控制断面的代码。

5. 重现期洪水要素值：填写重现期［可能最大洪水（PMF）、100年（或历史最高）、50年、20年、10年、5年］的设计洪水洪峰流量（取整数），洪量（取整数），涨洪历时（1位小数），洪水历时（1位小数），洪峰水位（2位小数）等洪水要素设计成果。

6. 如无资料，带 * 部分可不填。

四、防洪现状评价

（1）根据成灾水位对应的洪峰流量频率，确定居民区现状防洪能力。

（2）结合控制断面的水位流量关系，统计成灾水位和各频率设计洪水位下的累计人口和房屋数，绘制水位-流量-人口关系曲线。控制断面水位-流量-人口关系表的格式见表3-5。

（3）防洪现状评价成果表的规范格式见表3-6。

表 3 - 5　　　　　　　　　　　　　　控制断面水位-流量-人口关系表

序号	行政区划名称	行政区划代码	流域代码	控制断面代码	水位/m	流量/(m³/s)	重现期/年	人口/人	* 户数/户	* 房屋数/座	备注
1					5						
					10						
					20						
					50						
					100						
2					5						
					10						
					20						
					50						
					100						
...					5						
					10						
					20						
					50						
					100						

填表人：　　联系电话：　　　　复核人：　　审核人：　　　填表日期：

注　1. 行政区划名称：填写沿河村落、乡（镇）等防灾对象的名称。

　　2. 行政区划代码：填写沿河村落、乡（镇）等防灾对象的行政区划代码。

　　3. 流域代码：填写防灾对象所在流域的代码。

　　4. 控制断面代码：填写防灾对象所在控制断面的代码。

　　5. 水位、流量、重现期、人口、户数、房屋数：填写特征水位及重现期〔如 100 年（或历史最高）、50 年、20 年、10 年、5 年等〕的设计洪水对应的水位（2 位小数），流量（取整数），重现期，人口，户数，房屋数等信息。

　　6. 如无资料，带 * 部分可不填。

表 3 - 6　　　　　　　　　　　　　　防洪现状评价成果表

序号	行政区划名称	行政区划代码	流域代码	控制断面代码	防洪能力/年	极高危险区（小于 5 年一遇）		高危险区（5～20 年一遇）		危险区（大于 20 年一遇）	
						人口/人	* 房屋/座	人口/人	* 房屋/座	人口/人	* 房屋/座
1											
2											
...											

填表人：　　联系电话：　　　　复核人：　　审核人：　　　填表日期：

注　1. 行政区划名称：填写沿河村落、乡（镇）等防灾对象的名称。

　　2. 行政区划代码：填写沿河村落、乡（镇）等防灾对象的行政区划代码。

　　3. 流域代码：填写防灾对象所在流域的代码。

　　4. 控制断面代码：填写防灾对象控制断面的代码。

　　5. 防洪能力：填写成灾水位对应流量的洪水重现期。

　　6. 人口和房屋：填写极高危险区、高危险区、危险区的人口数和房屋座数。

　　7. 如无资料，带 * 部分可不填。

（4）防洪现状评价图应包括的主要内容。

1）主要信息。成灾水位（特征水位）、水位流量关系曲线、成灾水位（特征水位）对应的洪峰流量和频率，以及各频率洪水位以下的累计人口（户数）和房屋数。

2）辅助信息。编制单位、编制时间等编制信息，图名、图例、横坐标名称以及纵坐标名称。

3）绘制防洪现状评价图，具体如图3-2所示。

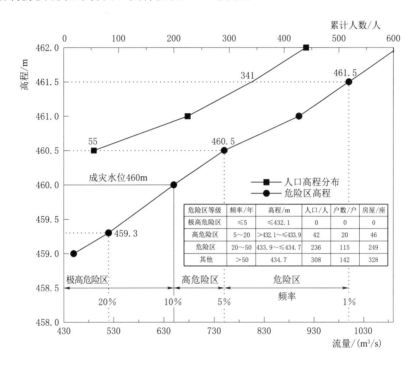

图3-2 防洪现状评价图

五、临界雨量计算

（1）在确定成灾水位的基础上，根据流域特征、下垫面条件以及土壤特性等计算沿河村落、重要乡（镇）等居民区的临界雨量。

（2）当流域面积小于200km^{2}时，宜采用成灾流量反推法。根据居民区控制断面处水位流量关系，推算出成灾水位对应的流量值，再根据设计暴雨洪水计算方法和典型暴雨时程分布，在考虑土壤不同含水率的条件下（湿润、一般、干旱），反推出设计洪水洪峰达到该流量值时各个预警时段设计暴雨的雨量，并将其作为临界雨量。临界雨量经验估计法成果表、临界雨量降雨分析法成果表的格式见表3-7和表3-8。

（3）当流域面积大于200km^{2}时，宜采用实时水文模型法动态确定临界雨量。基于控制断面以上流域的分布式水文模型，以及实时降雨量，进行流域产汇流计算和河道洪水演进计算，得到控制断面处洪水流量。以控制断面洪水流量达到临界流量时的实时雨量作为临界雨量。临界雨量模型分析法计算成果表的格式见表3-9。

（4）不同地区可根据流域地形地貌特征、资料条件等选择合适的临界雨量确定方法。

表 3-7　　　　　　　　　　　临界雨量经验估计法成果表

序号	行政区划名称	行政区划代码	时　段	临界雨量/mm
1			0.5h	
			1h	
			3h	
			…	
			汇流时间 τ	
2			0.5h	
			1h	
			3h	
			…	
			汇流时间 τ	
…			0.5h	
			1h	
			3h	
			…	
			汇流时间 τ	

填表人：　　　联系电话：　　　复核人：　　　审核人：　　　填表日期：

注　1. 行政区划名称：填写沿河村落、乡（镇）等防灾对象的名称。

　　2. 行政区划代码：填写沿河村落、乡（镇）等防灾对象的行政区划代码。

　　3. 时段及临界雨量：填写汇流时间 0.5h、1h、3h、τ 等时段对应的临界雨量，取整数。

表 3-8　　　　　　　　　　　临界雨量降雨分析法成果表

序号	行政区划名称	行政区划代码	临界雨量/mm
1			
2			
3			
…			

填表人：　　　联系电话：　　　复核人：　　　审核人：　　　填表日期：

注　1. 行政区划名称：填写沿河村落、乡（镇）等防灾对象的名称。

　　2. 行政区划代码：填写沿河村落、乡（镇）等防灾对象的行政区划代码。

　　3. 临界雨量：填写相应的临界雨量，取整数。

六、确定预警指标

（1）预警指标包括雨量预警指标和水位预警指标两类。预警指标又分为准备转移和立即转移两级。

（2）预警指标的预警时段应在流域汇流时间段内选择 30min、1h 等水文标准历时直至汇流历时。

（3）对于流域面积小于 200km² 的沿河村落的雨量预警指标计算，宜以临界雨量值为基础，分析面雨量和点雨量的关系，通过折算得到关联自动雨量站的预警指标值，即为立

表 3 - 9 临界雨量模型分析法计算成果表

序号	行政区划名称	行政区划代码	土壤含水量 (前期降雨量 Pa)/mm	时 段	临界雨量/mm
			0.2Wm	0.5h	
				1h	
				2h	
				3h	
				…	
				汇流时间 τ	
			0.5Wm	0.5h	
				1h	
				2h	
				3h	
				…	
				汇流时间 τ	
			0.75Wm	0.5h	
				1h	
				2h	
				3h	
				…	
				汇流时间 τ	

填表人： 联系电话： 复核人： 审核人： 填表日期：

注 1. 行政区划名称：填写沿河村落、乡（镇）等防灾对象的名称。

2. 行政区划代码：填写沿河村落、乡（镇）等防灾对象的行政区划代码。

即转移雨量（静态）预警指标；根据居民区的灾前反应和安全转移响应时间，确定准备转移雨量预警指标。

（4）对于流域面积大于 $200km^2$ 的沿河村落，应计算动态雨量预警指标。根据实测雨量或者预报雨量等，考虑土壤含水量的动态变化，基于典型的降雨、产流、汇流、演进、预警指标反推等环节，进行动态雨量预警指标的计算，与沿河村落控制断面处的临界流量比较，判定是否发出预警及预警级别，形成实时、滚动的预测预警。滚动预警的时间间隔宜为 1h、3h 和 6h，各地可根据实际情况选择滚动时间间隔。

（5）水位预警指标以居民区控制断面处成灾水位为起算水位，通过洪水演进方法和历史洪水分析方法推算上游关联水位站的相应水位，作为立即转移水位预警指标，在此基础上考虑河道形态、居民户居住情况等因素的影响，确定准备转移指标。洪水从水位站演进至下游控制断面的时间应不小于 30min。当控制断面上游有多条河流汇入时，应进行洪水遭遇分析，确定水位预警指标。

（6）预警指标分析成果表的格式见表 3 - 10。

表3-10　　　　　　　　　　　　　预警指标分析成果表

序号	行政区划名称	行政区划代码	流域代码	类别	时段	预警指标		临界雨量/mm 水位/m	方法	备注
						准备转移	立即转移			
1				雨量						
				水位						
2				雨量						
				水位						
...				雨量						
				水位						

填表人：　　　联系电话：　　　复核人：　　　审核人：　　　填表日期：

注　1. 行政区划名称：填写沿河村落、乡（镇）等防灾对象的名称。

2. 行政区划代码：填写沿河村落、乡（镇）等防灾对象的行政区划代码。

3. 流域代码：填写防灾对象所在流域的代码。

4. 时段：填写准备转移和立即转移指标的相应时段的数值，如0.5h、1h、3h等。

5. 预警指标：填写准备转移和立即转移指标的相应时段的雨量值（单位为mm，取整数）或水位值（单位为m，1位小数）。

6. 临界雨量/水位：填写与时段对应的雨量值（单位为mm，取整数）或水位值（单位为m，1位小数）。

7. 方法：填写确定临界雨量/水位的方法名称。

8. 备注：雨量预警填写代表雨量站点名称和代码，水位预警填写防灾对象上游对应水位站名称和代码。

（7）各地预警指标的实际应用可结合流域下垫面条件、人类活动等因素，并综合考虑资料可获得性，选择合适的预警指标（水位预警指标，动态、静态预警指标，或两者同时采用）。

七、危险区图绘制

危险区图是在水行政主管部门统建的水利一张图上采用地理信息系统（GIS）等专业技术方法，将防洪现状评价成果直观展现在图件上，为山洪预警、预案编制、人员转移、临时安置等工作提供支撑。

危险区图根据危险区等级对应频率的设计暴雨洪水淹没范围进行绘制，如防灾对象上下游有堰塘、小型水库、堤防、桥涵等工程，有可能发生溃决或者堵塞洪水情况的，应另外绘制特殊工况的危险区图。

危险区图图式应符合《防汛抗旱用图图式》(SL 73.7—2013)等行业和相关地图及测绘的标准要求。

(一)危险区等级划分

对调查阶段初定危险区范围进行核对和分级，统计不同等级危险区内人口和房屋等信息。危险区等级划分采用频率法，其划分标准见表 3-11。

表 3-11　危险等级划分标准

危险区等级	洪水重现期/年	说　明
极高危险区	<5	属较高发生频次
高危险区	5～20	属中等发生频次
危险区	≥20	属稀遇发生频次

(二)危险区图具体内容

(1)各级危险区范围内的人口数、房屋数、房屋类型、居民户数、居民户财产情况等基本信息。

(2)居民区的危险区图，应包括下列 3 类：

1)基础底图信息。遥感底图信息、行政区划、居民区范围、危险区、控制断面、河流流向以及分析评价对象在县级行政区的空间位置。

2)主要信息。各级危险区(极高危险区、高危险区、危险区)空间分布及其人口(户数)，房屋统计信息，转移路线，临时安置地点，典型雨型分布，设计洪水主要成果，预警指标，预警方式，责任人以及联系方式等。

3)辅助信息。编制单位、编制时间，以及图名、图例、比例尺、指北针等地图辅助信息。

第三节　风险隐患调查与影响分析

伴随全球气候变化和山丘区经济社会活动程度不断增强，局部地区短历时强降雨事件多发频发重发，山洪灾害风险持续增加(AROCA-JIMÉNEZ E，2023)。根据近年典型山洪灾害事件调查情况，跨沟道路(桥涵)阻水壅水或溃决、沟滩占地、多支同时汇流、外洪顶托、低洼地积水、洪水改道或者漫流等，均可加重山洪灾害影响(BHUIYAN T R，2022)。为进一步提高山洪灾害防御精细化水平，本节将阐述风险隐患调查与影响分析。

在前期开展的山洪灾害调查与评价的基础上，以小流域为单元，以流域内山区城镇、集镇、沿河村落、经济活动区、旅游景区等为对象，针对可能增加山洪灾害严重程度的潜在因素，提出山洪灾害风险隐患调查与影响分析技术方法。

一、跨沟道路与桥涵调查

内外业结合，以沟道为纲线，对跨沟道路或桥涵、堰坝进行补充和更新调查，获取阻水面积比、阻水库容等信息，结合流域孕灾环境，分析、判断跨沟道路或桥涵自身结构和树枝、流木、漂石、滚石、松散固体物质等外来物的阻水程度（DIAKAKIS M，2018）。针对山丘区沟/河道特点，可将断面概化为矩形、梯形、三角形、复合型等，将跨沟道路、桥涵泄洪建筑物概化为矩形、拱形和圆形等形状，计算断面面积、阻水面积比；采用锥体法或断面法调查阻水库容。

（一）成果复核与补充

（1）对山洪灾害调查评价成果数据库中已有的跨沟道路或桥涵等成果进行复核，复核内容包括新建、改建、拆除等类型。

（2）根据调查评价相关要求对成果进行添加、删除、更新等补充完善。对新建的，应当补充调查增加记录数据；对改建的，应根据改建后的尺度更新记录数据；对拆除的，应删除原记录。补充完善后的成果表见"附表二 跨沟道路、桥涵调查成果表"。

（二）阻水情况调查

（1）调查对象。设计洪水标准低于两岸沿河村落现状防洪能力、过流能力，或高度3m以上、沟宽10m以上的路堤、桥涵、堰坝等，应调查其阻水情况。低矮的漫水路、漫水桥、高等级高速公路、跨河大桥等暂不进行调查。

（2）断面测量与特征参数获取。沿跨沟道路、桥涵、堰坝中心线测量河道断面，获取跨沟道路或桥涵结构、几何特征和泄洪建筑物几何参数；沿跨沟道路、桥涵、堰坝上游和下游即刻测量两个断面，两个断面面积平均值作为桥涵所在断面面积。

（3）结构阻水面积比计算。计算跨沟道路、桥涵、堰坝顶部以下河道横断面面积和泄洪建筑物过水断面面积，计算跨沟道路、桥涵的阻水面积，在此基础上，计算阻水面积比。

（4）概化处理。测量和计算时可以河道断面和结构物实际情况，将沟道断面概化为矩形、梯形、三角形、复合型断面等，将跨沟道路、桥涵泄洪建筑物概化为矩形、拱形和圆形等形状。

（5）外来物阻水调查分析。利用最新时相高分辨率遥感影像数据，结合现场调查，调查所在流域植被覆盖、土地利用、地表土石分布情况等信息，分析流域内的树枝、流木、漂石、滚石、松散固体物质、漂浮物等外来物的来源、丰富程度与空间分布等信息，结合跨沟道路或桥涵泄洪建筑物泄洪孔形状和大小、所处地点河势等，分析可能的外来物阻水情况。

（三）阻水库容调查

在上述调查基础上，将跨沟道路、桥涵、堰坝顶高程作为水面线高程，计算上游蓄水空间容积，即为阻水库容，可采用锥体法或断面法计算。

二、沟滩占地情况调查

内外业相结合，以沟道为纲线，调查沟道和滩地工程、厂房等建设物占地情况，获得其所占沟道和滩地的断面面积占比；结合最新时相高分辨率遥感影像，在工作底图上标注其位置和范围，填写占地类型、占用时间、占地范围内居民人数等信息。

（一）占地阻水面积调查分析

（1）断面设置与参数测量。针对沟道及两侧滩地施工、厂房、建筑，选择阻水面积最大的地方设置断面，以较低岸顶高程为准，测量断面和构筑物的几何参数。

（2）阻水面积比计算。计算施工、厂房、建筑等对象所挤占的无效过水面积；计算出全断面面积；估算阻水面积比（无效过水面积与全断面面积的百分比）。

（3）概化处理。根据断面主要形态和占地阻水对象的结构和形态，可适当概化后计算。针对山丘区沟/河道特点，可将断面概化为矩形、梯形、三角形、复合型等，进而计算断面面积；对于滩地工程、厂房等建筑物，以及城（集）镇、村落等占地对象，在适当概化断面形态后计算断面面积。

（二）占地类型调查

调查类型，分为工程施工临时占地、企业厂房、居民建筑等类型。根据工作底图和高分辨率影像标注位置、勾画边界，调查其占用占地范围、居民人数等信息。结合上述调查结果，补充填写"附表三 沟滩占地情况调查成果表"。

三、多支齐汇和外洪顶托调查

保护对象受多条支流同时汇流影响，或者支流受下游河道高水位（外洪）顶托时，若仅依据某条支流暴雨洪水情况进行预警，将会低估洪水量级及其影响，导致预警指标分析和危险区划定结果不尽合理。此种情况下，需要在调查基础上进行区域暴雨和多支流洪水关联分析。调查以内业为主，外业为辅，充分运用小流域、水系拓扑关系及沿河村落调查成果，结合最新时相高分辨率遥感影像，调查多支齐汇和外洪顶托情况，分析对山洪预警的影响。

（一）多支齐汇调查

（1）基本要求。针对位于流域出口附近的保护对象进行，以完整的流域单元开展调查，保护对象以上流域集水面积不大于 $50km^2$。

（2）调查内容。以保护对象为参照点，分析上游或附近的流域水系情况，调查主要沟道数量、分布、汇流关系和跨行政区情况。沟道数量为保护对象上游或附近长度大致相当且近地汇流沟道的数量。

（3）统计对集镇和村落等保护对象有直接快速汇流影响的支流数量，并确认是否跨行政区，补充填写"附表一 山洪灾害风险隐患保护对象名录表"相应条目的信息。

（二）外洪顶托调查分析

（1）位于较大江河（中小河流、主要支流、大江大河等，或统称为干流）两岸的山丘区集镇和村落，如果江河洪水持续时间较长，水位较高，对两岸支流形成顶托，保护对象成灾水位断面处过水能力会因洪水顶托降低，进而影响到上游临界雨量的确定。

（2）根据较大江河发生大洪水（50 年一遇）、特大洪水（100 年一遇）或历史上最大洪水的顶托情况，调查和分析并获得保护对象成灾水位断面处无上游来水情况下对应的水位。

（3）在此基础上，按照《山洪灾害调查与评价技术规范》（SL 767—2018）的相关规定，基于成灾水位断面过流面积变化情况，对上游临界雨量进行修正，填写"附表四 外洪顶托城（集）镇及村落调查分析成果表"，补充填写"附表一 山洪灾害风险隐患保护对象名录表"相应条目的信息。

（4）若基础资料和技术条件较好，也可采用分布式水文模型和水动力学模型等方法，假定设计雨型，进行流域水系洪水计算，并在此基础上确定临界雨量（水位）和预警指标。

四、其他隐患类型调查

若保护对象附近存在沟道束窄（俗称"卡口"）、沟道急弯或者地处低洼地带等天然存在的情况，也可能因洪水陡涨遭受山洪灾害影响。此种情况下，调查宜内外业相结合，根据保护对象与水系的位置关系，结合最新时相高分辨率遥感影像和现场查勘，对保护对象附近的沟道微地貌、沟道河势情况进行调查。

（一）沟道束窄

（1）以流域为单元，以沟道为纲线，从沟道出口开始向上游进行调查。

（2）利用工作底图和最新时相高分辨率遥感影像，分析保护对象附近的沟道宽窄变化情况，以及当地微地貌情况。

（3）如果保护对象（沿河村落）上游或下游附近沟道缩窄较大时，因水流"小水阻于滩，大水阻于峡"特性，受灾可能性增大，需要将其列入风险隐患保护对象名录（图3-3）。

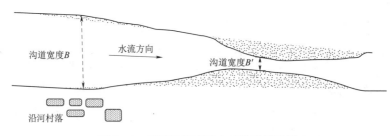

图3-3　下游沟道束窄大水致灾示意图

（二）沟道急弯

（1）以流域为单元，以沟道为纲线，从沟道出口开始向上游进行调查。

（2）利用工作底图和最新时相高分辨率遥感影像，分析保护对象附近的沟道弯曲变化和当地微地貌情况。

（3）如果保护对象（沿河村落）附近河道发生大幅度弯曲，因水流"小水走弯，大水趋直"特性，受灾可能性增大，需要将其列入风险隐患保护对象名录（图3-4）。

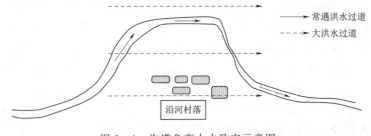

图3-4　沟道急弯大水致灾示意图

（三）低洼地

利用工作底图、最新时相高分辨率遥感影像以及DEM数据，确定低洼地区及其范围内的保护对象，根据沟道水系查找周围可能的洪水来源，将其列入风险隐患保护对象名录，注明"低洼地"。

五、风险隐患影响分析

在补充调查基础上进行以下风险隐患影响分析：

（1）分析跨沟道路或桥涵完全阻水情况下上游洪水淹没范围，以及可能因水流改道对周边区域的影响。

（2）分析跨沟道路、桥涵以及堰坝溃决洪水在下游的保护对象处的峰值流量，并结合其他支沟洪水信息，分析确定洪水位和淹没范围。

（3）针对阻水壅水点以上两岸较低地点溢流洪水或者堤岸漫溢溃决洪水，分析可能受影响的保护对象。

（一）壅水影响分析

（1）前文调查的设计洪水标准低于两岸沿河村落现状防洪能力、过流能力，或高度3m以上、沟宽10m以上的路堤、桥涵、堰坝等，上下游两岸附近有保护对象，需要进行壅水影响分析。

（2）在暴雨情形下，对于跨沟道路、桥涵、堰坝阻水，或者因滑坡堵塞沟道，进而上游快速壅水，可采用水位-面积法，按最不利情况分析完全阻水时下上游洪水位和淹没范围。步骤如下：

1）阻水壅水点顶部高程。按照跨沟道路、桥涵、堰坝过流建筑物全部被堵塞情形确定阻水壅水点顶部高程，即跨沟道路的路面高程、桥梁桥面或其护栏顶高程。

2）沿河集镇与村落淹没分析。以沟道比降近似代替水面比降，从阻水壅水点顶部高程位置沿河道纵剖面等高线向上游倒推，确定洪水淹没范围和受影响的保护对象，并在"附表一　山洪灾害风险隐患保护对象名录表"中勾选相应选项。沿河村落壅水淹没情况如图3-5所示。

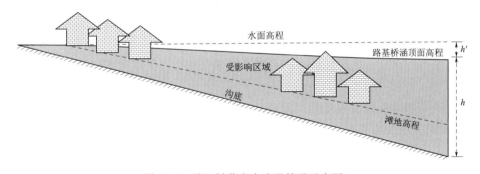

图 3-5　沿河村落壅水淹没情况示意图

（二）溃决影响分析

（1）调查范围内的跨沟路堤、桥涵以及堰坝，若高度在3m以上且阻水库容在2万 m³以上，需要开展溃决影响分析。

（2）按照最不利情况，采用近似瞬间全溃模式和简易溃坝洪水计算方法，分析溃决洪水的影响。若溃决位置下游、保护对象上游有其他支沟洪水汇入，则应考虑该支沟洪水组合影响。根据水位-流量关系确定典型断面处洪水位、淹没范围和受影响保护对象。

（三）改道及漫溢影响分析

（1）针对跨沟道路、桥涵阻水壅水等情形，还应注意壅水地点当地、上游两岸较低地点或者豁口处溢流，或者薄弱地点堤岸溃决，造成洪水改道或漫溢情况；针对这些情况，需要根据地势排查可能受影响的保护对象，并在"附表一 山洪灾害风险隐患保护对象名录表"中勾选相应选项。

（2）如果在跨沟道路、桥涵等旁侧存在保护对象，在暴雨洪水时由于道路、桥涵阻水壅水，明显抬高水位，致使洪水从沟道向旁侧直接快速漫溢，将加重灾害程度。针对这种情况，需要在名录备注中说明，并在"附表一 山洪灾害风险隐患保护对象名录表"中勾选相应选项。

第四节 实 例 分 析

本节将以浙江省丽水市莲都区宣平溪流域（丽新畲族乡、老竹畲族镇）为研究区域进行山洪灾害调查与评价，涉及设计暴雨、设计洪水、洪水分析计算、防洪现状评价等。

一、设计暴雨计算

表 3-12 宣平溪莲都区各雨量站分区权重表

站点	权重系数
柳城	0.251
上显滩	0.749
共计	1

宣平溪流域设有柳城雨量站（1933—2020 年）、上显滩雨量站（1958—2020 年）等雨量站，设站时间自 20 世纪 30 年代至 50 年代不等，实测资料周期较长、精度较高，上显滩水文站位于宣平溪下游的上显滩村，距河口 11.8km，控制集水面积 806km^2，设站于 1958 年，进行水位、流量观测，1994 年改为水位站。宣平溪莲都区各雨量站分区权重见表 3-12。

采用 P-Ⅲ频率曲线拟合适线，求得宣平溪各频率设计面雨量计算成果见表 3-13，宣平溪面雨量频率曲线如图 3-6 所示。

表 3-13 宣平溪各频率设计面雨量计算成果表

指标	雨日	均值/mm	C_V	C_S/C_V	各频率设计面雨量/mm				
					$H_{1\%}$	$H_{2\%}$	$H_{5\%}$	$H_{10\%}$	$H_{20\%}$
年最大	1d	91	0.38	3.5	203	184	158	138	116
	24h	$H_{24}=1.13H_{1d}$			230	208	179	156	131
	3d	137	0.3	3.5	263	244	216	193	169

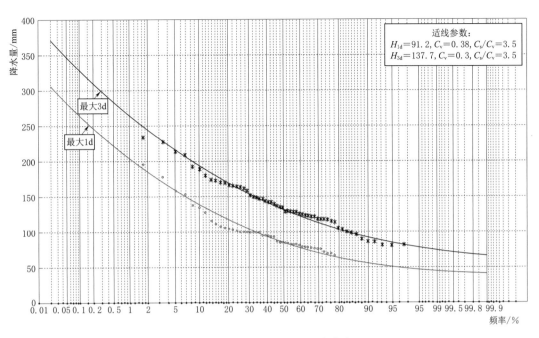

图 3-6　宣平溪面雨量频率曲线

将本次计算结果与暴雨图集法计算结果进行对比分析，见表 3-14。

表 3-14　宣平溪各频率设计面雨量计算成果与暴雨图集法计算结果对比分析表

成果来源	时段	各频率设计面雨量/mm				
		$H_{1\%}$	$H_{2\%}$	$H_{5\%}$	$H_{10\%}$	$H_{20\%}$
本次计算成果	24h	230	208	179	156	131
暴雨图集法成果	24h	221	192	165	143	121

本次计算利用长系列实测暴雨资料计算设计暴雨量，通过对历年面暴雨量进行频率分析计算设计暴雨，资料可靠，适线效果较好，略高于暴雨图集法计算成果，因而成果是合理的，本次设计暴雨采用实测暴雨法计算结果。

根据设计暴雨量计算和设计暴雨时程分配，针对宣平溪流域内的丽新畲族乡和老竹畲族镇整理设计暴雨成果，在此基础上，填写"表 3-15 丽新畲族乡设计暴雨成果表"和"表 3-16 老竹畲族镇设计暴雨成果表"。

表 3-15　　丽新畲族乡（流域代码 GB2B0000000L）设计暴雨成果表

历时	均值$(\overline{H})$/mm	变差系数(C_V)	C_S/C_V	重现期雨量值(H_p)/mm					
				* 可能最大暴雨（PMP）	100 年$(H_{1\%})$	50 年$(H_{2\%})$	20 年$(H_{5\%})$	10 年$(H_{10\%})$	5 年$(H_{20\%})$
10min	18	0.3	3	—	31.6	29.5	26.8	24.6	22.1
1h	42.5	0.45	3	—	97.7	88.4	76.1	66.3	55.7
6h	65	0.45	3	—	149.5	135.2	116.3	101.4	85.1

49

续表

历时	均值(H̄)/mm	变差系数(C_V)	C_S/C_V	重现期雨量值（H_p）/mm					
				*可能最大暴雨（PMP）	100年($H_{1\%}$)	50年($H_{2\%}$)	20年($H_{5\%}$)	10年($H_{10\%}$)	5年($H_{20\%}$)
24h	100	0.45	3	—	230	208	179	156	131
11h(τ)	—	—	—	180.4	163.2	140.4	122.4	102.8	

表 3-16　　老竹畲族镇（流域代码 GB2BD000000L）设计暴雨成果表

历时	均值(H̄)/mm	变差系数(C_V)	C_S/C_V	重现期雨量值（H_p）/mm					
				*可能最大暴雨（PMP）	100年($H_{1\%}$)	50年($H_{2\%}$)	20年($H_{5\%}$)	10年($H_{10\%}$)	5年($H_{20\%}$)
10min	18	0.3	3	—	31.6	29.5	26.8	24.6	22.1
1h	42.5	0.45	3	—	97.7	88.4	76.1	66.3	55.7
6h	65	0.45	3	—	149.5	135.2	116.3	101.4	85.1
24h	100	0.45	3	—	230	208	179	156	131
3h(τ)	—	—	—	126.8	114.7	98.7	86.0	72.2	

二、设计洪水计算

本次宣平溪干流设计洪水计算将宣平溪流域主要分为 14 个区，采用同频率组成法拟定设计洪水的地区组成。宣平溪流域分区情况见表 3-17。

表 3-17　　　　　　　　　　宣平溪流域分区情况

序号	分区	序号	分区
1	莲都区以上	8	畎坑（任村坑）
2	宣平溪莲都区入口—吾赤坑	9	杉树坑
3	吾赤坑	10	杉树坑—老竹溪
4	大重坑	11	老竹溪
5	龙潭坑	12	老竹溪—上源坑
6	咸宜坑（畎岸坑）	13	上源坑
7	棺材坑（桐榔坑）	14	下源坑

根据 1:10000 地形图，基于 GIS、CAD 提取宣平溪各流域特征值，详见表 3-18。

表 3-18　　　　　　　　　　宣平溪各流域特征值

流域	面积/km²	河长/km	坡降/‰
宣平溪莲都区以上	502.48	39.08	2.16
宣平溪莲都区入口—吾赤坑	50.66	3.52	118.73
吾赤坑	50.02	13.65	60.73
大重坑	7.15	5.31	100.75
龙潭坑	12.66	8.38	108.47

续表

流　域	面积/km²	河长/km	坡降/‰
咸宜坑（畎岸坑）	9.03	6.86	59.77
棺材坑（桐榔坑）	29.16	11.33	38.04
畎坑（任村坑）	5.98	5.93	88.53
杉树坑	9.93	6.87	77.00
杉树坑—老竹溪	25.21	1.714	74.10
老竹溪	98.72	24.09	35.62
老竹溪—上源坑	15.47	2.1	22.46
上源坑	5.25	5.4	44.81
下源坑	9.28	6.82	71.55

老竹镇位于老竹溪干流，经实地测量，老竹镇区划内的集水面积（F）为 42.88km²、最长汇流路径（L）为 7.8km、流域平均比降（J）为 0.0356。

根据宣平溪流域分区实际情况，本次计算 50km² 面积以上采用浙江省瞬时单位线法，50km² 以下采用推理公式法，流域植被情况取良好。宣平溪流域分区设计洪水成果见表 3-19。

表 3-19　　　　　　　　　宣平溪流域分区设计洪水成果表

序号	流域分区	面积/km²	项　目	各频率设计成果				
				$H_{1\%}$	$H_{2\%}$	$H_{5\%}$	$H_{10\%}$	$H_{20\%}$
1	莲都区以上	502.48	洪峰流量/(m³/s)	2396.7	2169.9	1862.7	1608.7	1349.5
			洪峰模数（Q/F）	4.77	4.32	3.71	3.20	2.69
2	宣平溪莲都区入口—吾赤坑	50.66	洪峰流量/(m³/s)	355.3	321.9	276.5	235.3	201.3
			洪峰模数（Q/F）	7.01	6.35	5.46	4.64	3.97
3	吾赤坑	50.02	洪峰流量/(m³/s)	397.6	360.1	309.5	267.9	225.5
			洪峰模数（Q/F）	7.95	7.20	6.19	5.36	4.51
4	大重坑	7.15	洪峰流量/(m³/s)	98.1	89.8	78.3	68.8	58.9
			洪峰模数（Q/F）	13.72	12.56	10.95	9.62	8.24
5	龙潭坑	12.66	洪峰流量/(m³/s)	150.5	137.7	119.8	105.1	89.8
			洪峰模数（Q/F）	11.89	10.88	9.46	8.30	7.09
6	咸宜坑（畎岸坑）	9.03	洪峰流量/(m³/s)	116.7	106.9	93.1	81.8	70.0
			洪峰模数（Q/F）	12.92	11.84	10.31	9.06	7.75
7	棺材坑（桐榔坑）	29.16	洪峰流量/(m³/s)	250.6	228.1	197.3	171.8	145.6
			洪峰模数（Q/F）	8.59	7.82	6.77	5.89	4.99
8	畎坑（任村坑）	5.98	洪峰流量/(m³/s)	85.1	77.9	67.9	59.7	51.2
			洪峰模数（Q/F）	14.23	13.03	11.35	9.98	8.56

续表

序号	流域分区	面积/km²	项　目	各频率设计成果				
				$H_{1\%}$	$H_{2\%}$	$H_{5\%}$	$H_{10\%}$	$H_{20\%}$
9	杉树坑	9.93	洪峰流量/(m³/s)	125.8	115.2	100.3	88.1	75.3
			洪峰模数（Q/F）	12.67	11.60	10.10	8.87	7.58
10	杉树坑—老竹溪	25.21	洪峰流量/(m³/s)	175.6	202.7	175.6	153.3	130.2
			洪峰模数（Q/F）	6.97	8.04	6.97	6.08	5.16
11	老竹溪	98.72	洪峰流量/(m³/s)	652.6	590.8	507	438.3	368.4
			洪峰模数（Q/F）	6.61	5.98	5.14	4.44	3.73
12	老竹溪—上源坑	15.47	洪峰流量/(m³/s)	159.9	146.2	127.1	111.4	95.1
			洪峰模数（Q/F）	10.34	9.45	8.22	7.20	6.15
13	上源坑	5.25	洪峰流量/(m³/s)	76.4	70	61	53.7	46.0
			洪峰模数（Q/F）	14.55	13.33	11.62	10.23	8.76
14	下源坑	9.28	洪峰流量/(m³/s)	119.4	109.3	95.2	83.6	71.5
			洪峰模数（Q/F）	12.87	11.78	10.26	9.01	7.70
15	老竹畲族镇	42.88	洪峰流量/(m³/s)	360.1	326.9	281.7	244.4	206.3
			洪峰模数（Q/F）	8.40	35.23	30.36	26.34	22.23

由于资料条件限制，无合适的流量记录资料，为保证结果的准确性，将宣平溪主要支流老竹溪计算洪水和《丽水市莲都区宣平溪流域综合治理工程初步设计报告》计算成果进行比较，见表3-20。

表3-20　老竹溪计算洪水和《丽水市莲都区宣平溪流域综合治理工程初步设计报告》计算成果比较表

流域	成果来源	重现期洪峰流量/(m³/s)		
		$H_{2\%}$	$H_{5\%}$	$H_{10\%}$
老竹溪	本次计算	590.8	507	438.3
	《丽水市莲都区宣平溪流域综合治理工程初步设计报告》计算成果	620	518	441

计算结果中各重现期设计洪水与《丽水市莲都区宣平溪流域综合治理工程初步设计报告》计算成果相近，故计算成果较为可靠。

三、防洪现状评价

对宣平溪、老竹溪采用一维非恒定流洪流演进计算，根据防洪保护对象所处位置及地形、地势、河势等具体情况，尽可能地将宣平溪干流、老竹溪等主要支流部分河道按照实际河道情况进行模拟，概化时对桥梁、堰坝等设施均加以充分考虑，绘制本次水力计算的河道概化图。

宣平溪流域模型中截取了115个断面，以及沿途各支流旁侧入流，老竹溪模型截取了76个断面。

洪水计算的上边界条件为各流域各频率设计流量过程。洪水计算的下边界条件为水位过程。

根据行洪河道河床情况，比较顺直河段糙率取 0.029～0.032；个别阻水较为严重或有挑流建筑物的河段糙率取 0.033～0.035；行洪边滩，杂树较多，糙率取 0.040～0.050。

为检验所建水力学计算模型和率定参数的合理性和适用性，选用洪水发生时间较近、降雨情况较为典型、实测资料较为完整的洪水进行验证计算。根据现场调查，选择了 2014 年 08 月 20 日暴雨洪水对模型进行验证。

各控制断面的最高水位模拟成果见表 3-21。从计算成果可以看出，计算值与规划成果较为接近，反映了模型拟定的参数是基本合理的。

表 3-21　　　　　　　　　各控制断面的最高水位模拟成果表

特征断面	水位计算值/m	洪痕高程或实测水位/m	相差/m
丽新畲族乡	96.08	96.00	+0.08
下圩	80.08	80.06	+0.02
老竹畲族镇	114.26	114.33	-0.07

经过计算，确定丽新畲族乡与老竹畲族镇的控制断面。根据计算成果，统计控制断面 5 年、10 年、20 年、50 年、100 年一遇洪水位和流量成果见表 3-22。

表 3-22　　　　　丽新畲族乡和老竹畲族镇控制断面洪水位和流量成果表

乡镇	项　目	重　现　期				
		$H_{1\%}$	$H_{2\%}$	$H_{5\%}$	$H_{10\%}$	$H_{20\%}$
丽新畲族乡	洪峰流量/(m³/s)	2578.59	2220.88	1905.52	1648.72	1391.03
	洪水位/m	96.74	96.4	96.08	95.77	95.41
老竹畲族镇	洪峰流量/(m³/s)	360.1	326.9	281.46	244.4	206.3
	洪水位/m	110.43	110.29	110.12	109.76	109.61

根据断面水位-流量关系及成灾水位，推算得到丽新畲族乡控制断面成灾水位对应洪峰流量为 2119.54m³/s，为 42 年一遇；老竹畲族镇控制断面成灾水位对应洪峰流量为 309.22 m³/s，为 36 年一遇。

根据各断面洪水位及成灾水位，统计丽新畲族乡与老竹畲族镇两岸房屋防洪能力情况见表 3-23。

表 3-23　　　　　丽新畲族乡与老竹畲族镇两岸房屋防洪能力情况表

乡镇街道	洪水重现期/年	人口数/人	户数/户	房屋数/座
丽新畲族乡	5	0	0	0
	10	0	0	0
	20	0	0	0
	50	213	63	16
	100	359	107	25

乡镇街道	洪水重现期/年	人口数/人	户数/户	房屋数/座
	5	0	0	0
	10	0	0	0
老竹畲族镇	20	0	0	0
	50	389	90	32
	100	536	125	38

根据危险区划分方案，丽新畲族乡与老竹畲族镇危险区划分结果见表 3-24，防洪现状评价图如图 3-7 所示。

表 3-24　　　　　　丽新畲族乡与老竹畲族镇危险区划分结果

乡镇街道	危险区等级	洪水重现期/年	人口数/人	户数/户	房屋数/座
丽新畲族乡	极高危险区	≤5	0	0	0
	高危险区	5~20	0	0	0
	危险区	20~100	359	107	25
老竹畲族镇	极高危险区	≤5	0	0	0
	高危险区	5~20	0	0	0
	危险区	20~100	536	125	38

四、临界雨量计算

结合流域基本情况和前期相关基础条件，采用模型分析法计算临界雨量。得到表 3-25 临界雨量模型分析法成果表。

表 3-25　　　　　　临界雨量模型分析法成果表

序号	行政区划名称	行政区划代码	土壤含水量（前期降雨 Pa）/mm	时段/h	临界雨量/mm
1	丽新畲族乡	331102204200	0.75Wm	0.5	71
				1	96
				3	120
				6	142
				11(τ)	166
			0.9Wm	0.5	61
				1	81
				3	105
				6	127
				11(τ)	151
2	老竹畲族镇	331102103208	0.75Wm	0.5	62
				1	84
				3	106
				6	127
				3(τ)	106
			0.9Wm	0.5	52

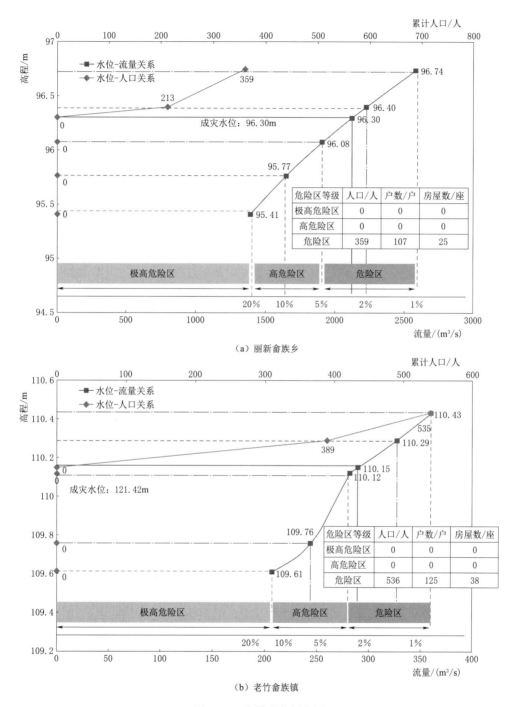

（a）丽新畲族乡

（b）老竹畲族镇

图 3-7　防洪现状评价图

五、确定预警指标

集镇和城镇等防灾对象因所在河段的河谷形态不同，洪水上涨与淹没速度会有很大差别，这些特性对山丘区洪水灾害预警、转移响应时间、危险区危险等级划分等都有一定影响。考虑防治对象所处河段河谷形态、洪水上涨速率、预警响应时间和站点位置等因素，在临界雨量的基础上综合确定准备转移和立即转移的预警指标；并利用该预警指标进行暴雨洪水复核校正，以避免与成灾水位及相应的暴雨洪水频率差异过大。

经综合分析，宣平溪流域 2 个重点集镇不同土壤含水量（前期降雨）条件下的雨量预警指标见表 3-26。

表 3-26　宣平溪流域 2 个重点集镇不同土壤含水量（前期降雨）条件下的雨量预警指标

序号	行政区划名称	行政区划代码	流域代码	类别	土壤含水量（前期降雨 Pa）/mm	时段/h	预警指标/mm		临界雨量/mm	方法
							准备转移	立即转移		
1	丽新畲族乡	331102204200	GB2B0000000L	雨量	0.75Wm	0.5	59	67	71	模型分析法
						1	80	91	96	
						3	100	114	120	
						6	119	135	142	
						11(τ)	139	158	166	
					0.9Wm	0.5	51	58	61	
						1	68	77	81	
						3	88	100	105	
						6	106	121	127	
						11(τ)	126	143	151	
2	老竹畲族镇	331102103208	GB2BD000000L	雨量	0.75Wm	0.5	52	59	62	模型分析法
						1	70	80	84	
						3	89	101	106	
						6	106	121	127	
						3(τ)	89	101	106	
					0.9Wm	0.5	43	49	52	
						1	58	66	69	
						3	76	86	91	
						6	93	106	112	
						3(τ)	76	86	91	

六、危险区图绘制

在山洪灾害调查评价工作底图上，根据危险区等级对应频率的设计暴雨洪水淹没范围绘制危险区图。

工作底图选用影像图与 1：2000 地形图的叠加成果。淹没范围绘制是以控制断面及上下游断面计算水位拟合的水位线为输入条件，根据水位与地形高程对比勾勒当前频率洪水下淹没区域范围，宣平溪流域 2 个重点集镇的危险区图如图 3-8 所示。

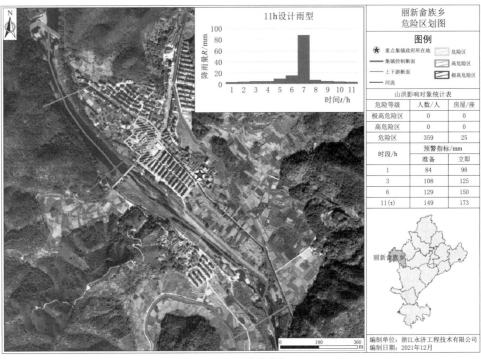

（a）丽新畲族乡

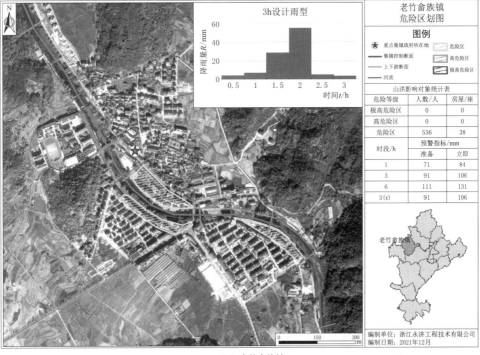

（b）老竹畲族镇

图 3-8　宣平溪流域 2 个重点集镇的危险区图

第四章 小流域山洪预报

小流域山洪是指由于暴雨、融雪、台风等原因，在山区河流等小流域地区形成的暴涨暴落的洪水。预报是指通过利用实时监测降雨、数值降雨预报、测雨雷达数据，驱动分布式水文模型和水动力模型，实现山洪防御态势滚动分析和小流域洪水预报（何秉顺，2023）。小流域山洪预报是根据小流域洪水形成的客观规律，利用历史、实时或未来的水文、气象数据，对某控制断面未来一段时间（称预见期）内的洪水要素变化情况进行预测，预测的洪水要素包括水位或流量过程线、洪峰流量或水位、峰现时间等。

我国位于东亚季风区，山丘区暴雨频发，地质地貌条件复杂，加之受人类活动的影响，山洪灾害频发，损失严重（刘志雨，2012）。小流域山洪预报是提高小流域灾害监测、预报与风险防范能力建设的重要手段，可以为减少山洪灾害损失提供技术支撑（江春波，2021）。因此，小流域山洪预报在山洪灾害防治上发挥了重要作用。

本章内容主要介绍了洪水预报模型与方法，阐述了山洪灾害预报编制需要的内容，强调了编制时所需注意到的问题，叙述了编制的主要内容，列举了数字化预报技术和小流域山洪预报在浙江省应用的案例。

第一节 洪水预报模型与方法

一、洪水预报方法概述

洪水预报方法主要分为两大类，一类是基于数据统计方法的经验相关方法，例如单位线法、降雨径流相关图法、初损后损法、下渗曲线法、等流时线法、相应水位法等。主要优点是简单，操作方便，但是没有明确的物理概念和数据基础，以及需要比较详细的历史水文资料。对于大多数小流域而言，历史资料短缺是常态，因此这些方法在缺资料地区应用和推广受到极大限制。另一类是运用洪水预报模型的方法，小流域山洪预报归根到底是洪水预报的一种，根据小流域山洪预报的不同要素以及流域资料情况，选用不同的洪水预报模型与方法。目前，对于小流域山洪预报，常采用水文模型、水动力模型和水文水动力耦合模型。单一的水文或水动力模型因模型功能的局限性，其洪水预报结果可靠性难以满足流域防洪减灾决策的需要（江春波，2021）。因此，将水文模型和水动力模型耦合用于小流域山洪预报可以弥补水文和水动力模型各自的不足（曾志强，2017）。

二、小流域山洪预报模型与方法介绍

（一）水文模型

水文模型是指用模拟方法将复杂的水文现象和过程经概化所给出的近似的科学模型，水文模型包括产流的计算和汇流的计算。产流的计算包括降雨、蒸发、入渗等，汇流要根

据坡面流理论或经验公式法进行计算，描述最后输出流域的流量随时间不断发生改变的过程。水文模型应用范围广、效率高，但不足之处在于计算结果是根据流域水文条件获得产汇流的流量过程，不能提供淹没区洪水演进的动力特征。随着时间的推进，国内外逐渐形成了"集总式水文模型"和"分布式水文模型"两种模型。下面将对集总式水文模型、分布式水文模型进行简单介绍。

1. 集总式水文模型

集总式水文模型的最基本特征是将流域作为一个整体来模拟其径流形成过程。以集总式降水作为输入的水文预报方案已被广大预报工作者所接受，在全国范围内广泛应用，且大多经过了大洪水检验，具有较高的预报精度（安婷，2012）。但是现有概念性集总式流域水文模型隐含着几个缺陷：构成模型的概念性元素一般只能模拟水文现象的宏观表现，而不能涉及水文现象的本质或物理机制；将事实上呈空间分布状态的降雨输入当成模型的集总输入，这显然与流域径流形成是分散输入、集总输出的实际情况不符（芮孝芳，2016）。

2. 分布式水文模型

分布式水文模型能够考虑水文参数和过程的空间异质性，将流域离散成很多较小单元，水分在离散单元之间运动和交换，因而所揭示的水文循环物理过程更接近客观世界，更能真实地模拟水文循环过程（徐宗学，2010）。分布式水文模型可分为松散型和耦合型两类：松散型水文模型假定每个响应单元对整个流域响应的贡献互不干扰，通过每个单元的叠加确定整个流域响应。该求解算法简单，但反映径流形成机制不够完善。耦合型水文模型考虑各个水文子单元的产汇流相互影响，其精度优于其他类水文模型（江春波，2021）。

（二）水动力模型

水动力模型可以模拟水流在河道的推进过程，也可以模拟山洪在被堤防保护的农村的推进过程，还可以模拟由暴雨形成的山洪内涝过程，输出结果一般是积水淹没范围的时空变化过程及淹没区域的水深和水流速度。

水动力模型根据是否考虑水力要素的横向和垂向变化，可分一维、二维和三维模型。一维水动力学模型的主要优势在于对河流水流运动规律的精细化模拟，可以反映出河道内的细微差别，更重要的是它得到水位这一重要的水力参数，但一维水动力模型仅有模拟功能而无法进行水流运动的预测（曾志强，2017）；二维模型常用于考虑沿河道横向水力要素变化的河湖及低洼积水区，适用对江、湖、河口等区域的水位和流速分布的描述；三维模型可考虑水力要素沿垂向的变化，常用于江河入海口、城市大型地下蓄水隧洞进口附近的复杂流态条件下的水动力特性研究。在小流域山洪模拟和预报中，通常一维和二维水动力模型即可满足要求，应用三维模型的情况不多（江春波，2021）。

（三）水文水动力耦合模型

根据水文过程与水动力过程的连接关系及计算时间顺序，可以归纳为水文与水动力的动态单向耦合模型、双向耦合模型、串联耦合模型，这些模型因使用简便，应用灵活等特点，在洪涝灾害治理工程中经常使用（江春波，2021）。

近年来，水文模型与水动力模型耦合进行洪水预报的方法得到了更多的应用与研究。

例如，邓成等（邓成，2023）以深圳市某典型区域为研究对象，基于暴雨洪水管理模型（Storm water management model，SWMM）和二维水动力模型 LISFLOOD – FP 构建了研究区水文水动力耦合模型，模拟了典型暴雨下研究区的内涝时空演进过程，结合设计暴雨和设计低影响开发（Low impact development，LID）情景，探讨了不同重现期设计暴雨情景下研究区内涝积水分布，分析了不同 LID 布设措施对内涝积水深度的削减效果。结果表明，与实测内涝验证数据基本相符，模型能较好地适应研究区的内涝模拟。申言霞等（申言霞，2023）针对流域洪涝模拟模型的计算精度、格式稳定性及计算效率等问题，提出基于多重网格技术的地表水文与二维水动力动态双向耦合模型（M – DBCM）。地表水文模型采用非线性水库法模拟降雨产流和径流；二维水动力模型采用浅水方程模拟洪水演进过程。采用不同分辨率的网格划分计算区域，在粗网格区域采用地表水文模型模拟降雨径流过程；在细网格区域采用二维水动力模型模拟洪涝积水区的水流运动。地表水文和二维水动力模型通过内部耦合移动界面（Coupling moving interface，CMI）实现无缝连接，保证通过 CMI 的水量和动量等通量守恒，提高模型的模拟精度。采用时间显式格式同时求解地表水文和水动力模型，在不同区域采用不同的计算时间步长，以提高模型的计算效率。结果表明所提出的动态双向耦合模型能够在保证模拟精度的同时提高计算效率。

第二节 山洪灾害预报方案编制

小流域山洪灾害预报方案（以下简称"方案"）是进行实时洪水预报预警的基本依据。如何编制科学合理且具有较高实用价值的洪水预报方案，是水情预报人员的一项重要任务。

一、编制需要的资料及要求

（1）流域概况。河流水系、水文气象、人类活动、经济社会。

（2）流域测站及资料。水文站、雨量站、蒸发站。

（3）资料的年限。要求使用不少于 10 年的水文气象资料。

二、编制需要注意的问题

（一）流域面积的确定

流域面积又称受水面积或集水面积，是流域周围分水线与河口断面之间所包围的面积，通常指地表水的集水面积，在方案编制过程中是一个极为重要的基础数据。

（二）流域平均雨量计算

流域平均雨量又叫面雨量，是指整个流域上的平均雨量。目前面雨量的计算方法有 3 种，即算术平均法、泰森多边形法和等雨量线图法。

（三）单位线推求中单位时段的选择

在单位时段内，由均匀分布在流域上一个单位径流深形成的流域出口断面径流过程线称单位线，它是预报出口断面径流过程的基本依据。在具体工作中要根据流域的大小、下垫面因素及降雨分布进行分析确定。

（四）流域平均前期土壤含水量的计算

由于实测土壤含水量资料较少，而且其分布规律也比较复杂，因此直接计算不太可能，应用比较广泛的是用雨量资料推算的指标（和永杨，2011）。

三、编制的主要内容

预报方案编制是一个较为复杂的过程，为了更加清晰地编制预报方案，本书总结了预报方案编制的主要内容。

（一）资料收集与处理

（1）流量资料。各水文站的瞬时流量资料。

（2）雨量资料。各雨量站的时段雨量资料，无时段资料需提供摘录资料。

（3）蒸发资料。测站的日蒸发资料。

（二）预报方案配置

根据雨量站划分，每单元有且只有一个雨量站，划分采用泰森多边形法，再根据流域水系进行调整，尽量做到每单元代表一个小子流域，配置预报断面的入流断面。

（三）预报模型选择

为计算单元配置适合的预报模型，湿润地区一般为三水源新安江模型，半干旱地区可采用陕北模型、河北模型、水箱模型等。河道汇流可采用马斯京根法，Nash 瞬时单位线法等。

（四）模型参数率定与选择

采用优选方法与人工调整相结合的方法率定模型参数。优选方法包括 PSO（粒子群）算法、遗传算法等。

（五）预报方案精度评定

将历史洪水分为率定期和检验期。选择洪水预报项目，一般为洪峰、洪量、峰现时间。根据预报项目的合格率，评定预报方案精度。

四、预报模型选择

预报模型的选择是山洪预报方案编制的核心内容，选择的原则应依据模拟和评价的目的、研究区域现状、收集的数据以人力、物力和财力而定。水文模型选择原则主要包括：实用性原则、可行性原则、简洁性原则、先进性原则。

（1）实用性原则。根据具体研究目的，选择可解决实际问题的模型，模型的概化和假设条件均符合研究区特性，模型结果满足工作要求。

（2）可行性原则。结合研究区实际情况，根据研究区数据资料现状的全面与否选择模型，不选择尽管先进、但实际无法使用的模型。在其他指标相同的情况下优先选择参数较少的模型。

（3）简洁性原则。模型参数个数适宜，边界条件和参数容易估计且具有较好的稳定性，能适应管理需求。不要企图建立全能模型或应用全能模型，该类模型功能烦琐，应用代价昂贵。

（4）先进性原则。尽可能选择国际先进的、并实践证明模拟效果较好的模型，模型结构应科学合理。

五、资料的收集与整理

资料的收集主要包括以下几点。

（一）站网状况

收集流域内水文气象站的位置、历史变更及相应的控制权重。

（二）预报单位时段的选择

进行模型预报过程中，预报单位时段的选择是预报出口断面径流过程的基本依据。在具体工作中，要根据流域的大小、下垫面因素及降雨分布确定预报单位时段。

（三）场次洪水资料

1. 实测场次洪水的选择

选择系列足够长、精度良好且有较高代表性的洪水样本，是编好方案的基础。对于中、高洪水点据，尤其是高洪水点据，进行暴雨洪水综合分析，分别统计、绘制次暴雨流域平均时段降雨量柱状图、暴雨量等值线图以及中下游及本站洪水流量过程线图，然后计算各种暴雨洪水参数并加以分析说明。

2. 基流的分割

基流是深层地下水补给河槽的径流量。一般情况下，在流量过程线上进行直割或斜割均能取得满意效果。

3. 退水曲线分析

退水曲线的分析方法主要有退水指数方程法和组合退水曲线法。

4. 实测径流计算

小流域计算次洪径流深是瞬时流量过程。常用的次洪径流深的计算方法有平割法和蓄泄关系法。

（四）降雨资料

洪水预报方案需要计算流域平均降雨量。目前雨量的计算方法有 3 种，即算术平均法、泰森多边形法和等雨量线图法。目前，有研究采用"移动趋势面的降水面雨量分析"方法来计算流域平均雨量，效果也比较理想。

（五）蒸发资料

收集流域内气象站内口径为 20cm 蒸发皿或 E601 蒸发器的观测资料，折算为实测的水体蒸发，再将水面蒸发转化为流域实测蒸发值。

（六）流域离散化

为了反映流域下垫面因素和气象因素的空间分布对流域水文循环的影响，分布式水文模型一般在水平方向上将研究流域划分成若干子单元。

（七）DEM 数据

研究区域 DEM 数据可以通过两种方式获取：第一种，针对有地形图的区域，可以通过矢量化现有的 1∶50000 地形图，得到高程线和高程点图层，然后生成 TIN 文件，再转换为栅格 DEM；第二种，针对缺少地形图的区域，可以通过网站免费下载 ASTERG-DEM 数据，经过处理后也可以用于地形和水文分析。

六、模型构建

在流域选定预报模型的基础之上，通过流域特点选定不同的模型参数取值也尤为重要。模型的一部分参数可以根据其在模型中代表的物理意义连同流域地理、地貌特点来确定大致范围。

（一）目标函数

目标函数用于评价实测与模拟水文要素的拟合程度，其选择主要取决于对模拟结果的要求。

（二）参数优选技术

模型中参数的优选首先根据小流域特点确定范围值，其次需要通过长系列历史资料的不断循环迭代来获得。最常用的是遗传算法、粒子群算法、人机交互三种方法。

（三）精度评定

山洪灾害预报的对象是洪水要素，包括洪峰流量、水位、洪峰、出现时间、洪量、径流量和洪水过程等应不断提高洪水预报精度和增长有效预见期。

1. 基本要求

（1）预报方案评定的项目主要有：洪峰流量（水位）、峰现时间、洪量、洪水过程等。

（2）山洪预报方案应进行精度评定和检验。方案的精度等级按合格率划分，精度评定必须用参与预报方案编制的全部资料。

（3）山洪预报方案精度达到甲、乙两个等级者，可用于正式预报；方案精度达到丙等者可用于参考性预报；丙等以下者，只能用于参考性估报。

2. 精度评定

（1）山洪预报误差的指标可采用以下三种：

1）绝对误差。预报值减实测值。

2）相对误差。（预报值－实测值）/实测值×100%。

3）确定性系数。表示洪水预报过程与实测过程之间的吻合程度。

（2）许可误差。

1）洪峰许可误差。降雨径流预报以实测洪峰流量的 20% 作为许可精度；河道流量（水位）预报以预见期内实际变幅的 20% 为许可误差。

2）峰现时间许可误差。预报洪峰出现时间的许可误差，采用预报根据时间至实测峰出现时间间距的 30%，并以 3h 为下限。

3）径流值许可误差。径流值预报的许可误差采用实测值的 20%，许可误差大于20mm 时，以 20mm 为上限；许可误差小于 3mm 时，以 3mm 为下限。

4）过程预报许可误差。预见期内实测变幅的 20% 为许可误差。

3. 预报项目精度评定

合格率：合格预报的次数与预报场次总次数之比的百分数为合格率，它表示多次预报总体的精度水平。

（四）方案检验

如果情况不明又无法增加资料，在检验时洪水预报方案，应降级使用经精度评定洪水预报方案，精度达到甲、乙两个等级者可用于发布正式预报方案；精度达到丙等者可用于参考性预报；丙等以下者只能用于参考性估报。

七、预报方案成果整理

预报方案一般包括：预报地区的水系及站网分布图、预报图表、分析计算成果或程序、评定或检验的成果及文字说明。如果是水库、闸、坝的预报方案，还应该附库容曲线、泄流曲线等特征资料，重要的河段则应该附有关的抗洪能力资料。

预报方案文字说明包括：有关自然地理和水文气象特征的概述、引用资料的情况、预报要素和影响因素的特征分析、采用的预报方法和理论根据、作业预报使用方法、检验评定结果以及存在的问题和讨论等。

第三节 数字化预报技术

一、数字化预报概况

数字化、智能化迭代升级是山洪灾害防治发展到新阶段的必由之路。智能模型在模拟中依靠人工智能技术，通过不断获取的数据进行自我学习，不需要流域水文的先验知识，能够从多角度捕捉水文数据中的复杂非线性关系，具有强大的仿真能力，在山洪灾害防治中应用越来越广泛（张珂，2021）。山洪灾害防治的数字化运用已有较好的基础，未来有希望在数字化、智能化等方面实现突破性进展，促使山洪灾害防治实现质的飞跃。

数字山洪预报是在已有算据、算法、算力基础上，充分运用数字化技术、思维、认知，以国家级、省级监测预警平台为载体，以科学识别研判风险隐患、提高预警精准度、延长预见期、快速准确指导人员避险为目标，以小流域为单元，以山洪灾害下垫面和时空大数据为基础构建数据底板，以数字化场景、智慧化模拟、靶向化预警、精准化防控为路径，力求在多源降水数据融合、超大规模小流域洪水并行计算、实时和预设情景下风险评估、基于位置的流动人员靶向预警等方面取得突破（吴泽斌，2022）。

二、数字化预报在小流域山洪预报预警中的应用

（一）基于水文模型的小流域数字化预报应用

1. 基于集总式水文模型的小流域数字化预报应用

降水数值预报和水文预报的耦合是水文研究的热点问题之一，有研究讨论了如何利用现有的集总式水文预报模型，实现两个预报系统耦合的问题。

有研究提出在 DEM 资料提取的数字小流域基础上，人工干预子流域和泰森多边形的生成方法，使生成的子流域、泰森多边形与原集总式的水文预报方案划分情况基本一致，在产流层面解决了降水数值预报和集总式水文预报方案耦合的技术问题，为降水数值预报成果在水文预报中的广泛应用创造了条件，该方法尊重现有集总式预报模型产流结构和产、汇流参数，不需要修正原来的集总式水文预报模型，即可实现集总式预报模型和分布式数值格点降水预报耦合，为集总式水文预报模型和分布式的数值格点降水预报耦合奠定基础（安婷，2012）。以滦河流域为例，根据数字流域生成的方法，首先确定滦河流域各栅格的水流方向，进行 DEM 资料的预处理，并实现数字流域的自动提取。

2. 基于分布式水文模型的小流域数字化预报的应用

无资料小流域山洪预报一直是流域洪水预报中面临的复杂难题，然而分布式水文模型更好地考虑了降水和下垫面条件的空间变异性，使之能更好地利用 GIS 技术、遥感与遥测等空间信息描述水文过程的机理与模拟流域的降雨-径流响应，为解决无资料小流域山洪预报提供新的思路。

包红军等通过引入基于新安江水文模型建立的分布式混合产流水文模型 GMKHM，

研究无资料小流域山洪预报方法，并将 GMKHM 模型与 DEM、RS 技术相结合，以 DEM 栅格为计算单元，在栅格内进行植被冠层截留、蒸（散）发、产流与分水源计算；流域产流采用混合产流模型计算，坡面汇流和河道汇流均采用基于栅格单元的分布式运动波模型水流演算，将 GMKHM 模型和分布式新安江水文模型同时应用于某年 7 月 14 日 16 时—7 月 19 日 8 时（汛期）嘉陵江乔庄河支流大沟小流域山洪预报试验，试验结果如图 4-1 所示。结果表明，两个分布式水文模型的模拟预报精度较高，均可用于该流域山洪预报，其中 GMKHM 分布式水文模型在洪峰模拟上稍好于分布式新安江水文模型（包红军，2017）。

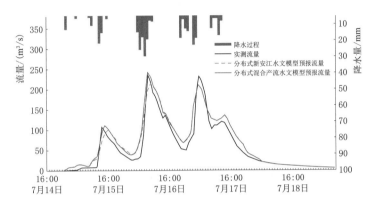

图 4-1　某年 7 月 14 日 16 时—7 月 19 日 8 时（汛期）嘉陵江乔庄河
支流大沟小流域洪水预报试验结果

3. 基于神经网络与半分布式水文模型相结合的缺资料区径流估计模型的应用

神经网络（ANN）模拟人类神经网络结构来构造人工神经元（GÖKBULAK F，2015）。模型拓扑结构包括输入层、隐层和输出层。网络能学习和存贮大量的输入-输出模式映射关系，将神经网络和半分布式水文模型 TOPMODEL 相结合的径流估计模型，可以利用神经网络融合海拔较高区模拟降水与流域稀疏站点降水作为降水输入计算产汇流，并利用粒子群优化算法进行参数全局优化。

针对黑河上游莺落峡流域海拔较高区域降水缺测问题，基于半分布式水文模型 TOP-MODEL，利用神经网络融合海拔较高区模拟降水与流域稀疏站点观测作为降水输入计算产汇流，并利用粒子群优化算法进行参数全局优化，同时率定 TOPMODEL 与 ANN 参数，从而构建基于 ANN 与半分布式水文模型 TOPMODEL 相结合的径流估计模型。先利用神经网络替换 TOPMODEL 降水输入接口，直接融合站点和模拟数据再进行径流估计，此模型即 P-NN-TOP 模型。P-NN-TOP 利用 1990—1995 年莺落峡水文控制站观测日径流进行模型参数率定，利用 1996—2000 年的相应观测进行模拟验证，并借助所发展模型 P-NN-TOP 对 2001—2010 年的日径流进行估计与分析。结果表明：在模型率定和验证期，新发展的 P-NN-TOP 模型较其他模型表现出明显的优势，在观测站点稀疏情况下能较好地融合站点观测和模式模拟信息；并在兼具输入数据可获取性的同时提高了径流模拟的精度。此外，结果还显示 2001 年为模拟与观测日径流相关性的年突变点并从 2004 年开始明显降低，与上游水电站的开发使用在时间上基本一致，表明所发展的 P-

NN-TOP 模型能较为合理描述 2001—2010 流量日变化，在探索径流估计新方法的同时也为类似流域的洪涝预警和水资源调配提供一定参考（刘双，2016）。P-NN-TOP 模型结构示意图如图 4-2 所示。

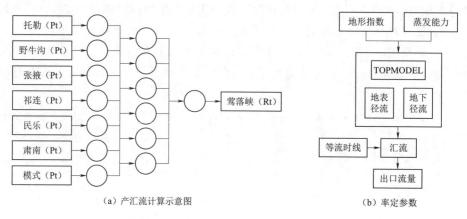

（a）产汇流计算示意图　　　　　　（b）率定参数

图 4-2　P-NN-TOP 模型结构示意图

4. 基于人工智能和大数据驱动的新一代水文模型及其在洪水预报预警中的应用

近几年，我国基于机器学习和深度学习技术，在降雨预报、小流域下垫面遥感数据分类、洪水计算模型参数、洪水预报预警和洪水灾害风险评估等方面进行了研究和探索性应用。围绕高分辨率数据分类问题，研发了基于深度学习的遥感影像和激光点云的分类和变化图斑检测的系列关键算法，大幅提高了遥感影像和激光点云的分类精度。

针对缺资料小流域参数区域化难题，在小流域基础属性数据集、下垫面参数数据集和土壤质地数据集的基础上，研发了基于机器学习的小流域参数区域化方法，采用机器学习方法学习了 10 个省（自治区、直辖市）110 个流域 1000 余场洪水特征及参数，初步建立了河南、北京、福建、甘肃和吉林等 5 省（直辖市）的无资料小流域区域化参数库，在河南省 2016—2018 年小流域洪水预报预警中得到很好应用，显著提高了小流域山洪灾害预报预警精度。提出了短历时暴雨特征、单位洪峰模数及汇流时间等 3 个关键风险因子，构建了以小流域为单元的山洪灾害风险因子指标体系，开发了基于数据挖掘和机器学习等智能算法的山洪灾害风险防汛应急指挥系统，促进现有的防汛应急信息化系统从当前的数值计算及非数值信息的数据处理向模拟人类智能行为转变，推进防汛应急信息化系统能够运用知识和学习处理问题、解决问题，使防汛应急指挥现代化水平达到新的高度（刘昌军，2019）。

（二）基于水动力模型的小流域数字化预报应用

围绕小流域山洪模拟面临复杂计算域、不规则地形、干湿界面、摩阻项刚性问题、水量守恒、复杂流态、间断或大梯度解、强非恒定流、通量梯度与底坡项平衡等难题，有研究基于改进形式二维浅水方程，采用 Godunov 型非结构有限体积法，建立了适用于河道、洪泛区、城市等实际地形上洪水演进计算的二维浅水动力学模型（BI SHENG，2015；HU XIAOZHANG，2018），能很好地模拟无资料地区小流域的地表汇流。该模型采用三角形网格剖分计算域，较容易实现局部网格加密，且采用斜底三角单元模型，使得地形表达具有二阶精度，能够提高模型精度。

以福州市赤桥小流域为例，赤桥小流域面积约为 $10m^2$，面积较小，且流域内地形坡向较为一致，水系简单。经分析，运用水动力模型计算得到的洪水过程线具有陡涨陡落的特点，且洪水过程线属于"尖瘦"型，和小流域洪水特点相符。在表 4-1 中，实测的洪水过程线除了"2013.5.20"洪水和"2016.9.30"洪水，其余场次的洪水过程退水较快，和小流域洪水的消退比较类似。经对比，"2016.9.30"洪水雨峰后的降雨比较小，但是地表径流比较大，和小流域的洪水特性不太一致，经核实发现，该场次的累计降雨量 62.97 mm，但是实测径流深 76.24 mm，存在很明显的水量不平衡现象，故该场次的实测洪水数据存在问题。总体而言，运用水动力学模型进行地表径流的模拟是合适的（王艳艳，2020）。

表 4-1   洪 水 场 次 过 程 值

洪水场次	CN 值	洪水场次	CN 值
1966.4.22	75	2005.8.22	70
1966.7.4	83	2006.7.16	52
1966.9.4	56	2013.5.20	85
1968.6.25	92	2016.9.15	72
1974.8.12	72	2016.9.30	88

注   CN 是反映降雨前流域特征的一个综合参数，与土壤湿润程度、植被、土壤类型和土地利用方式等因素有关，在实际应用中，其取值一般控制在（30，100）范围内。

（三）基于水文水动力耦合模型的小流域数字化预报应用

针对无资料地区的洪水预报，可以采用水文水动力耦合模型进行洪水预报。以松散耦合的方法为例，即将一个模型的输出作为另一个模型的输入。这是一种比较简单、有效的耦合方式，保证了各模型都维持了原有的独立完整性，而且功能相互不受影响。采用水文模型计算山区产流，并将输出的山区各子流域出口流量作为城区水动力模型的输入，进而模拟与分析城区淹没过程。

以我国东南沿海典型山区小流域——梅溪流域为例，选择 BTOPMC 水文模型与孔隙率法水动力模型，构建了山区水文-城区洪泛区水动力耦合模型。BTOPMC 模型通过自设水位仪计算的流量数据验证后，水动力模型模拟了 2016 年"莫兰蒂"台风场景下的城区洪水淹没过程。结果表明，城区模拟最大水深与 17 处观测洪水淹没痕迹吻合较好，表明了耦合模型在研究区的适用性。此外，还分析了"莫兰蒂"台风场景下城中心，主要道路与河道沿岸重点点位的淹没水深与历时，不同重现期的最大淹没水深等重要指标（蒋卫威，2020）。

三、短临强降雨预报预警技术

我国强对流天气频发，经常出现短历时强降雨，导致重大的经济损失和生命损失。据统计，2022 年上半年，全国共出现 19 次强对流天气过程，从灾害损失看，内蒙古、四川、贵州、云南、甘肃、陕西等局地强对流天气造成 459 万人次遭受灾害影响，因灾死亡39 人，农作物受灾面积 831 千公顷，直接经济损失 74 亿元。预报预警是防御短临强降雨的关键一招,对于防范和化解灾害损失至关重要。短时临近预报指的是短时间(0～6h)内雷暴、强对流等灾害性天气的预报(俞小鼎,2012)。短时临近预报最注重中小尺度天气系统的生消变化,但由于中小尺度天气系统的时空尺度很小,突发性强,其可预报性一般只有几十分钟到几个小时,因而不能用一般的短期天气预报方法。目前,根据研究理论基础与数据来源,降雨短时临近预报可分为基于数据外推的方法、基于数值模式的方法和基于统计学习的方法(李皓轩,2023)等三种方法。下文将分别对 3 类方法进行详细阐述。

(一)数据外推技术

数据外推技术主要以卫星云图和天气雷达回波外推技术为基础开展降雨预报。外推技术以多普勒天气雷达探测到的当前回波数据为参考依据,明确回波强度分布与回波体的运动方向与速度,经线性或非线性外推回波体,获取天气变化过程的回波数据(李皓轩,2023)。

卫星云图可以较全面地反映云层信息,且具有无地域限制特点,能够反映和预测较大尺度范围的天气变化特征(李皓轩,2023)。Marzano F S 等(MARZANO F S,2002)结合红外波段和微波段卫星图计算出红外亮温分布,利用神经网络算法进行了外推。Shukla B D 等(SHUKLA B P,2017)认为云顶冷却速率比云顶温度更适合判断极端降雨的发生,利用 UWCI 算法将卫星图中的红外波段数据换算成云顶冷却速率,同时考虑到地形对云团冷却过程的影响,将每个网格的云顶冷却速率分别用不同参数的伽玛概率分布来进行拟合,以 95% 区间的云顶冷却速率作为各网格阈值,可提前 2h 判断是否有极端降雨发生。Lebedev V 等研究了一种基于地球静止卫星图像的降水临近预报方法,并将结果数据整合到 Yandex. Weather 降水地图中(包括 Yandex 生态系统中产品的推送通知警报服务),从而扩大了其覆盖范围,并为真正的全球临近预报服务铺平了道路。Nizar(NIZAR S,2022)通过不同时刻的卫星图获取云顶温度和云粒有效半径生成曲线关系图,从中提取特征值,用逻辑回归找到这些特征值与实测降雨中极端降雨事件的概率关系,可提前 6h 以上判断极端降雨是否发生。

雷达外推技术的主要方法有单体质心法、交叉相关法、光流法,变分回波跟踪算法等,当前比较主流的雷达回波外推技术主要是变分回波跟踪算法。该算法通过添加约束条件,利用变分技术迭代计算雷达回波运动矢量场,实现强对流天气的临近预报。对比传统交叉相关法,此算法在命中率、临界成功指数以及虚警率方面具有突出优势,外推预报效果优势显著(郭艳萍,2023)。近年来,国际上许多学者基于连续时次的雷达组网拼图资料,采用变分回波跟踪算法得到雷达回波在过去的移动矢量特征,广泛地开展了变分回波跟踪算法在降水临近预报中的应用研究。基于瑞士雷达组网资料,Mandapaka P V(MANDAPAKA P V,2012)等分析了 2005—2020 年 20 个夏季降水事件,得出基于变分回波跟踪算法的 0～3h 降水临近预报效果要优于欧拉算法和高分辨率数值天气预报模式 COS-MO2,可见基于变分回波跟踪算法的降水临近预报有很好的可预报性。Czibula G 等提出了一个新的基于对流风暴临近预报的雷达数据的单类分类器,名为 RadRAR。RadRAR 是在正常天气条件下收集的雷达数据上操作的,并对雷达回波值进行预测。罗马尼亚国家气象局提供的真实的雷达数据对 RadRAR 的有效性进行了评估,达到了 61%

的临界成功指数，准确率最高，突出了 RadRAR 的良好性能（CZIBULA G，2020）。方巍（方巍，2023）将 UNet 模型和 swin transformer 结构进行有效融合，构造 SwinAt - UNet 模型，以自适应地学习雷达回波资料中的短期和长期动态变化信息；同时，为提高模型的泛化能力和预报准确率，引入了深度可分离卷积和卷积块注意力模块（Convolutional block attention module，CBAM），并利用上海市多年的高时空分辨率天气雷达探测资料构造数据集，通过多重反射率评估试验对该模型的预报效果进行检验评估。结果表明，SwinAt - UNet 模型得到了很高的临界成功指数和命中率，预报准确率极高，基于数据驱动的深度学习方法在降水临近预报任务中是可行的。

（二）数值模式算法

数值模式算法是通过构建大气物理过程参数化方程组，给定大气初始场和边界场驱动模型运行，利用高性能计算机进行数值求解，模拟大气运动变化过程。

随着计算机技术的进步，数值模式降雨预测发展迅速，已有研究对各种模型的预测性能和适用范围进行了相关研究。Shrestha 等（SHRESTHA，2013）评估了 AC - CESS 数值模式在不同时空尺度下的预测能力，将降水预报与在点和集水区尺度以及不同时间分辨率下观测到的降水进行比较，发现该模式对于精细尺度下的降雨预测能力较弱。De Luca 等（DE LUCA，2022）将 PRAISE 模型与数值模式结合起来，将模型空间尺度扩大到流域范围。该模型基于随机模型和数值天气预报模型的耦合，其特征最适合改进集水区尺度的降雨预测，其中通常使用的模型主要基于随机处理，而不使用来自天气预报的信息。PRAISE - MET 可以很容易地进行调整，以便在降雨径流或山体滑坡预测模型中提供输入数据。结果表明，通过设置适当的降雨阈值超过概率水平，可以获得一些时间来有效激活保护程序。Amini（AMINI，2022）等开发了深度神经网络（DNNs）降雨临近预报。这项研究的范围是使用集合预报技术的自适应降雨临近预报，这些集合是使用三个基于物理的数值天气预报模型和六个数据驱动的深度学习模型的输出得出的。为了评估 DNNs 模型的效率，将该模型运用到伊朗德黑兰市东部排水集水区（EDC），在大多数事件中，所提出的集合模型可以提高自适应降雨的准确性（AMINI，2022）。

（三）统计学习方法

统计学习方法通过分析历史数据和气象专家经验等资料，依据某种规律性或者概率性得出未来降雨的可能情况。近年来，已有研究通过将传统统计学习方法和人工智能及其他技术进行融合，探索其潜在应用场景。

Brath 等（BRATH，2002）将人工神经网络算法与传统统计方法自回归滑动平均模型结合起来，应用于水文模型的降雨输入。张鹏程等（张鹏程，2018）将多层感知器应用于短时降雨预测中，提出了一种动态区域联合短时降雨预报方法。在预报站点和周围站点之间建立多层感知器，利用主成分分析对环流背景场和局地气象要素差异等 13 个因子降维，作为多层感知器的输入，并采用贪心算法选择多层感知器的结构。通过联合多个多层感知器同时预报降水，提出一种动态区域联合短时降水预报方法。试验证明，该方法降水预报效果较好，3h 降水预报能力优于 ECMWF（European centre for medium range weather forecasts）和日本气象厅（JMA）数值模式。Cai 等（CAI，2020）从嵌套区域、降尺度比例、网格大小分析了降尺度配置对 WRF 参数化方案的影响，发现 PBL 方案受降尺度配置影响最大。Trebing K 提出了一个基于 UNet 架构的高效卷积神经网络 SmaAt - UNet，它使用 UNet 架构作为核心模型，并配备了注意力模块和深度可分离卷积（DSC）。SmaAt - UNet 的优点是能够提升模型的效率和准确性，同时保持了原有的性能和原来的 UNet 架构（TREBING K，2021）。

基于统计学习方法的算法在长期的短临强降雨预报预警中运用越来越广，随着数字化预报技术的不断提升，统计学习算法可以利用人工智能自动识别出与未来降雨相关的特征和模式，并利用这些特征和模式来预测未来的降雨情况，在未来有望得到更广泛的应用。

第四节 应用实例

一、小流域山洪预报方法在浙江省的应用

由于浙江省独特的地理位置和条件，降雨时空分布不均，所以，小流域山洪灾害频频发生。浙江省小流域山洪具有以下三个特征：一是可预见性小；二是破坏性大；三是具有突出的季节性。山洪灾害高易发降雨区主要分布在浙江省东部、南部和西部山区，山洪灾害中易发降雨区主要分布在浙江省中部和北部丘陵盆地区。浙江省溪河洪水灾害主要发生在一月份。溪河洪水根据发生的原因主要分为梅雨洪水和台风暴雨洪水，梅雨洪水主要发生在浙南和浙西山区，几乎覆盖全省各个流域。台风暴雨洪水大多发生在浙东沿海山区，有时也会发生在内陆地区。近年来，小流域山洪及其诱发的滑坡、泥石流等山洪灾害频频造成重大人员伤亡和财产损失事件，已成为浙江省洪、涝、台灾害中较为严重的一种灾害。如何做好小流域山洪灾害预报工作，提高防灾减灾能力，减少山洪灾害所造成的损失、减轻因灾人员伤亡，已成为当前需要解决的紧急问题。

目前，全省主要江河、水库的洪水预报都选用新安江模型、姜湾径流模型，经综合比较，选用新安江三水源模型作为我省无资料地区水文预报的采用模型。新安江三水源模型作为资料不足地区水文预报推荐模型，利用计算机自动寻优技术对全省 39 个代表流域 978 场暴雨洪水进行逐流域、逐场洪水产、汇流参数率定，并根据参数敏感性以及变化规律，分别采用均值、等值线空间内插、结合流域特征运用投影寻踪回归分析等方法进行产流、汇流参数的地区综合，实现了浙江省无资料和资料不足流域的洪水预报，利用降雨预测得到的降雨资料和水雨情监测系统监测采集的水雨情资料，推算实时土壤含水量，并可以进行山洪洪水过程模拟，进行洪峰水位流量过程模拟，模拟结果精度较高，为无资料中小河流洪水预警预报系统建设提供了技术支持，可供类似地区参考借鉴（伍远康，2015）。

（一）乌溪江小流域自动洪水预报系统

乌溪江流域地处副热带季风气候区，多年平均降雨量为 1770 mm，雨量年内分配极不均匀，4—6月属梅雨季，降雨量占全年降雨量的 50% 左右；7—9月受台风过境影响，降雨量约占全年降雨量的 25% 左右。

基于浙江省乌溪江流域特性，研究乌溪江梯级水电站入库洪水预报模式，采用单位线法进行实时洪水预报。在三层蒸发模式计算雨量损失基础之上，提出采用径流系数判定单次预报径流总量上的准确性，并辅以人工干预的交互式雨量损失校正方法，从预报模型和预报结果两个方面来提升洪水预报精度。由于预报模型的局限性和实时信息的不完善，洪

水预报过程存在一定误差。利用自动预报模型和人工预报参数交互式修改相结合的方式可提高洪水预报精度。在乌溪江小流域自动洪水预报系统研究中，采用径流系数控制前期雨量损失总量，通过调整雨量损失进行产流计算，根据时段降雨的降雨中心和降雨强度选用单位线进行汇流计算。同时，在自动化洪水预报基础上配以预报人员的多年预报经验。完成可实时修正、高精度的实时洪水预报。以典型洪水预报为例，人工预报参数交互式修改方法的准确性较高，人工预报峰现时间相差 1h，人工预报洪峰流量误差为 0.74%，预报精度等级为乙级。研究成果已在浙江省乌溪江小流域自动洪水预报系统得到应用，对其他小流域洪水预报具有参考价值（徐刚，2017）。

（二）椒江小流域洪水预报系统

椒江，中国浙江省台州市独流入海河流，因入海口状如椒，故名"椒江"。近几年来，椒江流域受台风、暴雨等自然灾害侵袭越来越频繁，研发椒江流域洪水预报系统关系到人民生命和财产安全。

椒江小流域洪水预报方案的总体框架是以水雨情的实时监测数据为基础，以地理信息系统为框架，以成熟稳定的计算手段为支撑，建立覆盖椒江流域的水文水动力数学模型，考虑河口风暴潮以及水库、闸站工程群调度，并通过通用数据接口接入实时交互数据，对椒江流域洪水进行预报。此设计要符合浙江省数字化改革的要求，符合浙江省水利数据资源目录的设计标准（浙江省政府办公厅，2018），椒江流域洪水预报逻辑结构图如图4-3所示。此系统还引入了流域气象短临降雨预报，该短临预报为网格预报。短临降雨网格预报的引入，大大提高了预报的精度，拓展了原来仅靠人工模拟输入降雨和普通气象降雨预报的技术范围，是此设计的一大亮点（曾钢锋，2022）。

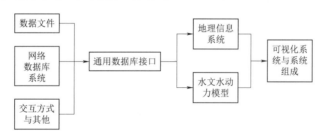

图4-3　椒江流域洪水预报逻辑结构图

（三）基于新安江模型的浙江白水坑水库洪水预报系统

白水坑水库入流属尖峰型大的山溪型河流，洪水暴涨暴落，集流时间短、对其进行洪水预报具有重要意义。新安江模型广泛应用于我国湿润、半湿润地区，有着良好的模拟效果。新安江模型流程图如图4-4所示。新安江模型的结构设计呈分散性，分为蒸散发计算、产流计算、分水源计算和汇流计算4个层次结构。

为了探究新安江模型在白水坑水库的适用性，研究者对模型参数进行率定，并对模型的精度进行检验和模拟结果进行误差分析，从而判断新安江模型在白水坑水库流域的适用性。研究者通过日模型和次洪模型对新安江进行参数率定，结果表明新安江模型在白水坑水库的模拟精度较高，在白水坑水库流域适用性好，可为新安江模型在白水坑水库地区的洪水预报应用提供依据。

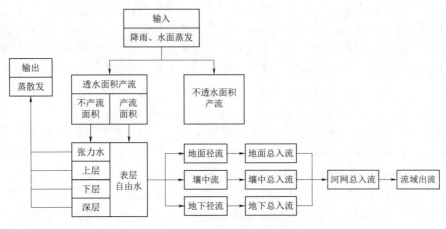

图 4 - 4　新安江模型流程图

二、浙江强对流天气短临预报预警技术应用

近年来浙江省利用多源资料融合等技术，在强对流天气短时临近监测及预报预警技术方面取得较大进展，包括双偏振雷达相态识别、雷达卫星的强对流天气监测与应用、高分辨率数值模式的改进和本地化应用，人工智能、机器学习算法在强对流天气识别和潜势预报中的应用和效果，以及基于快速更新同化数值预报和雷达外推的融合技术在短时临近预报中的应用，并通过多种技术的综合和融合等方法开展短时强降水强对流天气的监测识别、强降水短时定量预报以及对流潜势概率预报等内容；同时还引入网格化管理的理念，运用现代天气预报技术、结合传统预报方法，运用了浙江省基于 GIS 的"省市县一体化智能网格强对流天气短临监测预报预警业务系统"及其省级智能网格强对流天气预警系统的设计和业务功能。

其中，最主要的就是雷达回波外推方法在临近降雨预报中的应用。随着天气雷达的发展，其高时空分辨率的优势使其迅速应用于短时临近预报研究中。张卫国等将雷达回波区域选择宁波雷达站附近 350km×380km 范围区域，研究区选取宁波市附近 250km×230km 范围区域。利用雷达回波数据计算其在相邻时次内最优空间相关，得到不同时次的移动矢量序列；在此基础上，叠加前一时次雷达回波变化量，完成雷达回波形状和量的外推。采用复合形交叉进化算法对雷达回波强度与降雨强度的关系式进行参数估算，从而达到预报降雨的目的。结果表明，利用雷达回波最优空间相关方法的预报图像与实况较为接近，方法具有较强的可操作性和较高的实用价值；利用复合形交叉进化算法的预测降雨强度，与雨量站实测雨强进行误差分析，均方根误差 δ 为 2.48，相较于利用经验参数进行的降雨预报精度明显提高（张卫国，2018）。

第五章　山洪灾害预警技术

"预警"是指制定水灾害风险指标和阈值，通过多种渠道（如社交媒体）快速传播预警信息，指导相关部门采取相应的防范措施，是"四预"的重要组成部分。"山洪灾害预警技术"是一种用于监测、分析、预测和及时发布山洪灾害信息的技术体系。其主要目的是在山洪灾害即将发生或正在发生时，提前向可能受到灾害影响的地区和人们发布预警信息，以便采取相应的防护措施，最大限度地减少人员伤亡和财产损失。目前，国内外山洪灾害监测预警（董林垚，2019）通常是采用先进的监测和预报技术，实时监视暴雨山洪情况，预测山洪发生的时间和危害程度，做出准确的山洪预报，并发布预警信息。

我国近几十年来在山洪防治上投入巨大。2016年，更是从山洪预估与预警指标核查、前期降水监测与分析、山洪精细化预报预警三个方面开展了山洪防治研究，建立健全预警指标体系，通过县级监测预警平台的建设，实现中央、省、市、县四级信息共享，且已使超过74万人免受山洪灾害（LIU C，2018）。山洪预警系统不仅在中国，而且在世界各地都在保护生命和财产安全中发挥了重要作用。

山洪灾害预警技术的有效实施对社会、环境和经济的发展具有重要的意义。通过先进的监测和预报技术，实时监测山区降雨情况、河流水位和流量等数据，提前感知山洪灾害。预警系统通过信息汇集、数据分析和模型预测，实现对山洪发生时间、地点和危害程度的准确预测。其主要意义在于提供了宝贵的时间窗口，让居民、政府和应急机构得以迅速采取应对措施，有效避免灾害对人员生命和财产造成巨大损失。此外，山洪灾害预警技术有助于维护社会秩序，减轻灾害带来的社会动荡。在环境保护方面，及时预警可以降低灾害对生态系统的破坏，有助于维护自然环境的稳定。从经济角度看，预警技术有助于减少灾害造成的经济损失，推动社会经济的可持续发展。总体而言，山洪灾害预警技术在社会安全、环境保护和经济可持续发展等方面都具有深远而积极的影响，是现代灾害管理体系中不可或缺的重要组成部分。

本章主要围绕山洪灾害预警技术基本概念的介绍、预警指标的分析、山洪灾害预警系统的讨论以及预警系统的实际应用举例等展开论述。

第一节　山洪灾害预警技术的基本概念

一、预警的概念

"山洪灾害预警"中的预警是指在山洪灾害即将或正在发生时，对可能受到灾害影响的地区和人们发布的一种通知或警告。这种通知旨在提醒公众、当地政府、应急机构等相关方面，使其采取紧急的防范和救援措施，以减轻灾害可能带来的损失，特别是对人员生命和财产安全的威胁。

预警通常包括通知信息、接收对象、行动建议、预警级别等内容。

（1）通知信息。预警通常包括与山洪灾害相关的信息，如预警级别、灾害发生的可能时间、地点，以及可能的危害程度等。

（2）接收对象。预警信息的接收对象包括受影响区域的地方政府有关部门、当地居民、救援人员等。这些信息通常通过多种渠道传递，包括广播、电视、手机短信、网络平台等。

（3）行动建议。预警通常还包含相关的行动建议，指导公众和相关机构在灾害来临时采取何种紧急措施，以最大限度地减少灾害带来的影响。

（4）预警级别。按照突发事件发生的紧急程度、发展势态和可能造成的危害程度，将预警等级从高到低分为：Ⅰ级、Ⅱ级、Ⅲ级、Ⅳ级，分别用红色、橙色、黄色、蓝色标示，其中Ⅰ级为最高级别。

二、山洪灾害预警技术简介

山洪灾害预警技术的基本原理是通过水雨情监测系统实时获得相关数据，结合预警系统进行信息处理、分析、预测和决策，最终实现对山洪灾害的及时预警。具体而言，山洪灾害预警技术主要包括两个方面：水雨情监测系统和预警系统。

（一）水雨情监测系统

水雨情监测系统是通过雨量、水位、流量等监测手段，实时监测山洪易发区域的降雨情况、河流水位和流量等数据。这些监测数据是预测和判断山洪灾害可能发生的重要依据。

雨量测量技术是水雨情监测系统中的关键部分，它通过对降雨量的获取、分析、研究，及时得到降雨数据，从而具备预测未来降雨量的能力。雨量测量技术主要包括（刘天元，2019）虹吸式、翻斗式、称重式、超声波式、光学式和压电式等。然而，传统监测设备常出现建设和通信难题，站网分布不均，运行维护费用高，监测不够系统；天气雷达易受地形和异物干扰，有盲区、高维护成本和低覆盖率等问题；卫星产品精度低、实时性差，时空分辨率不够，难以满足实时、精细水文气象的需求。谢彪等（谢彪，2022）利用无线微波通信基站资源，创建了无线微波降雨分钟级精细化监测技术，该技术具有投资小、建设快、维护易、分辨率高等优势。通过通信、云计算、大数据等领域的研究，为水文气象监测提供了新的思路，提升了监测水平，助力社会需求和灾害应对。

（二）预警系统

预警系统通过信息汇集、数据分析、模型预测等模块，将水雨情监测系统获得的数据进行处理和分析，实现对山洪发生的时间、地点和危害程度的预测。一旦预测到可能发生山洪灾害，预警系统会及时发布预警信息，包括预警级别、受影响区域、采取的应急措施等，以便社会各方及时做好准备。

山洪预警系统与山洪机制、地理和社会经济数据、有足够提前时间的准确降雨预报、山洪库存以及有效的信息传播等因素密切相关（ZENG Z，2016）。国外开展山洪预警系统的研发较早，比较著名的有美国的 FFG、欧洲的 EFAS 等（表 5-1）。FFG 考虑了前期土壤含水量对降雨产流的影响，通过模型确定不同土壤湿度下引发山洪的降雨阈值，实测雨量与之对比来发布预警。后续发展了以观测降雨或预测降雨驱动水文模型的技术，如 DHM‐TF、PFFF、FLASH、NWM 等。欧洲的 EFAS 将气候模型与水文模型耦合，提出了 EPIC 与 ERICHA 指数，结合高分辨率气象数据实现洪水早期预警。日本考虑多因素建立了基于流域雨量指数的山洪预警方法，结合雷达强降雨预报和分布式水文模型，实现了较高精度的山洪灾害预报。

表 5－1　　　　　　　　　　　　国内外代表性山洪灾害预警系统

国家/区域	预警系统	功　能	预警指标	优　势
美国	Flash flood guidance (FFG)	考虑降雨、土壤含水量与下垫面特性等因素，通过产汇流与洪水演进模拟，对预警指标进行反推	时段降雨量	考虑洪水产生的物理机制与诸多影响因素，结构清晰、功能强大
欧洲	European flood alert system（EFAS）	耦合气候模型与水文模型，通过输入不同分辨率的降雨预报产品，对洪水过程进行模拟与预警	EPIC 指数、ERICHA 指数	可以提供早期洪水预警与短期洪水预报，预见期较长
日本	基于流域雨量指数的山洪预警系统	考虑土壤湿度、河网分布、土地利用等，采用水箱模型模拟流域出口断面流量，实现洪水预警	流域雨量指数	考虑城市与非城市下垫面产流能力的差异，计算简便
中国	基于实时监测与预报信息的山洪预警体系	集成山洪灾害调查结果、水文模型、实时监测与预报信息，实现中长期预警风险评估与短期实时预警	网格预报降雨量、实时雨量/水位/流量	可实现气象预警、雨量预警和水文预警的有机结合，适用性强

第二节　山洪灾害预警指标

山洪预警指标是用于预测和判断山洪灾害发生可能性的一组关键参数，一般包括临界雨量和成灾水位。临界雨量是最常见的预警指标之一，它是指在特定地区和条件下，当降雨量超过这个数值时，可能会导致山洪暴发或其他洪水灾害的降雨阈值。成灾水位是指在特定流域或地区，当水位达到某一特定高度时，会导致洪水泛滥并可能引发灾害的水位阈值。这个水位通常与河流、湖泊或水库的最大安全容量或历史洪水水位有关。临界雨量和成灾水位都是洪水预警和防治中的重要概念。临界雨量是指在特定条件下，降雨量超过该阈值可能导致洪水泛滥的降雨量；而成灾水位则是从水位角度出发，表明洪水泛滥可能导致灾害的水位条件。在实际操作中，临界雨量可以通过降雨预报和水文模型来预测，而成灾水位则可以用来评估在特定降雨条件下是否可能超过安全阈值，从而触发洪水预警。两者结合使用可以提高洪水预警系统的准确性和有效性。

成灾水位是山洪预警的直接指标，它为山洪预警系统提供了一个明确的阈值，也是应急响应、保险补偿、教育培训的主要依据，其设定对于提高洪水灾害的应对能力、保护人民生命财产安全以及促进经济社会可持续发展具有重要作用。成灾水位的确定方法主要包括历史洪水记录分析法、经验公式法、地理信息系统分析法、水文模型模拟法等。成灾水位的适用性取决于多种因素，包括流域的具体条件、数据的可用性和准确性，以及所采用的方法的科学性和实用性。在我国，成灾水位通常用于中小流域的预警（LIU C，2018）。但由于小规模山区集中时间极短，自动监测站无法覆盖所有地区，该指标尚未得到广泛应用。

临界雨量的确定通常基于历史洪水事件的降雨数据、水文模型的模拟结果，以及对流域特性的深入分析。这个阈值的设定有助于提前预测和防范可能由降雨引发的洪水灾害，从而减少人员伤亡和财产损失。临界雨量的计算和应用需要考虑多种因素，包括前期土壤湿度、流域地形、植被覆盖、气象条件等。临界雨量的确定方法主要包括（练继建，2018）统计归纳法、水文水力学法、降雨要素分析法、经验分析法、综合分析法等（表5－2）。不同的方法适用于不同的场景和目的，实际应用中可能需要结合多种方法来提高临界雨量预测的准确性和可靠性。韩臻悦等（韩臻悦，2023）构建了考虑初始土壤含水量的降雨径流关系，并通过试算法求得山洪动态临界雨量，并成功应用于陕西省子洲县岔巴沟流域。俞彦等（俞彦，2020）考虑了下垫面条件复杂性和前期影响雨量不确定性对小流域山洪预警的不利影响，以广东省罗定市太平镇太北村和罗镜镇大平岗村两个小流域为研究对象，对比 SCS 模型和新安江模型的雨量预警指标综合动态阈值，结果显示基于新安江模型的计算结果更为可靠。李姣等（李姣，2023）在综合考虑流域前期土壤饱和度、前期河道流量和产流面积的基础上，采用新安江模型计算了河北太行山区的坡底小流域山洪灾害的动态临界雨量，实现了逐小时计算未来 1h、3h、6h、12h、24h 这 5 种不同历时的 I～IV 级的动态临界雨量。

表5－2 　　　　　　　山洪灾害预警指标确定方法及其特征（练继建，2018）

方　法	特　征
统计归纳法	通过统计历史山洪灾害相关指标，结合当地雨量站的降雨数据进行预警指标分析
水文水力学法	考虑降雨、下垫面特性及土壤含水量等因素，基于典型的降雨径流计算过程，确定临界雨量
降雨要素分析法	预警指标结合降雨要素进行分析，典型的降雨分析方法有同频反推法、雨量临界曲线法、降雨径流内插法等
经验分析法	结合特定区域的降雨径流经验方法，确定当地的山洪灾害预警指标。无资料地区可借用水文、气象、地质条件相似区域进行经验预警。常用的分析方法有比拟法、内插法等
综合分析法	通过多种方法进行特定区域的山洪灾害预警指标值的计算，互相验证，给出精度更高的指标值

中国山洪预警指标计算方法的发展可分为三个阶段（LIU C，2018）。在早期的初始阶段主要采用经验方法，而非物理机制研究，因此，其计算精度相对较低。在此基础上，依据对物理机制的简单研究，并结合对国家洪涝灾害的调查和评价，促进了各种预警方法的发展，如成灾水位和临界雨量指标法。随着研究的深入，国家山洪预警方法也将进一步完善和补充，各种复合指标，如实时动态预警指标、复合降雨指标、气象预警指标等也顺势而生。这些预警指标是根据中国国情和特点提出的，可实现省级预警指标的验证、校准和复核。

第三节　山洪灾害预警系统

一、预警系统的概念

山洪灾害预警系统是一种用于监测、预测和警示山洪灾害的系统。通常包括传感器网络、数据采集系统、数据处理和分析软件以及预警发布系统等。其基本原理是通过实时监测降雨量、地表水位、河流流量等指标，能够及时掌握降雨情况和河流水位等数据，结合地形地貌等因素，并通过数据分析、模型计算等手段，对可能发生山洪的地区进行预警和警示。一旦监测到潜在的山洪风险，系统会发出预警信号，通知当地政府、救援机构以及居民，以便他们采取相应的防范和救援措施，最大限度地减少人员和财产损失。山洪灾害预警系统在防灾减灾工作中起着重要作用，能够有效预防山洪灾害的发生，保障人民生命财产安全。

一个典型的山洪灾害预警系统主要包括监测系统、数据传输与集成系统、数据分析和建模系统、预警发布系统以及人工干预和应急响应系统。

1. 监测系统

在山洪灾害预警系统中，监测是关键的一环。各种监测设备分布在潜在的山洪风险区域，包括如下各类监测站：

（1）气象站。用于监测降雨量、降雨强度、风速等气象条件。

（2）水文站。用于监测河流水位、水流速度等水文条件。

（3）地质监测站。用于监测地质条件，包括土壤含水量、地下水位等。

（4）雷达和卫星数据。提供更广域的气象监测，用于实时观测降雨云团的发展趋势。

2. 数据传输与集成系统

监测系统采集的数据通过无线通信或网络传输至数据中心，实现实时数据集成。这有助于形成全面的地理信息系统（GIS）数据，使系统更全面、及时地了解当前地区的气象、水文和地质状况。

3. 数据分析和建模系统

数据中心对收集到的监测数据进行实时分析，并通过水文模型、气象模型等数学模型进行数据建模。这有助于预测洪水的可能性、强度和影响范围。

4. 预警发布系统

当监测数据和数学模型分析表明存在潜在的山洪威胁时，系统会自动或由专业人员发出预警信息。预警信息可以通过多种途径传达：

（1）手机短信。向居民发送具体的山洪预警信息。

（2）广播和电视。在受威胁区域通过广播和电视发布紧急通告。

（3）应急广播系统。在一些地区可能会有专门的应急广播系统，用于紧急事件的通知。

（4）互联网和社交媒体。通过在线平台发布预警信息，以确保信息的广泛传播。

5. 人工干预和应急响应系统

预警系统还包括了人工干预和应急响应的环节。相关部门和救援机构接收到预警后，可以采取紧急措施，如疏散人员、加强防护设施等，以最大程度地减轻山洪灾害的影响。

二、国外预警系统举例

为保护人民的生命财产安全，各国都在努力通过技术手段，设计并实施合理的预警系统以提高对突发性洪水的预警能力。Acosta - Coll M 等（ACOSTA - COLL M，2018）对泰国、美国、哥伦比亚等国家的洪水预警系统进行了分析，尽管每个系统的具体技术和方法有所不同，但它们都强调了实时监测、数据处理和有效信息传播的重要性（表 5-3）。

表 5-3 　　　　　　　　　警报传播的仪器、通信协议和方法

位　置	传　感　器		通信系统	警报传播	电力供应
	类型	测量变量			
泰国洛神府	STARLFLOW 超声波多普勒传感器	水位和流速	GPRS 模块	Web 应用程序、短信、传真、电子邮件	连接电网和 UPS
	倾卸斗雨量计	雨量			
美国佛罗里达州	超声波传感器 WL700	水位	无线单元（IEEE 802.15）	在线访问原始和预测数据、视频信息	光伏系统
	红眼 Z205 相机		以太网		
哥伦比亚巴兰基亚	湿度传感器温度传感器气压	大气变量	ZigBee（IEEE 802.15）	网络和移动应用程序	光伏系统
菲律宾马尼拉	压力传感器	水位	GPRS 模块	网络应用程序	光伏系统
	倾卸斗雨量计	雨量			
美国波多黎各自治邦马亚圭斯	气象雷达	雷达反射率和雨量	抛物面天线（IEEE 802.15）	网络应用程序	光伏系统
西班牙巴塞罗那	气象雷达	雷达反射率和雨量		网络应用程序、短信、电子邮件	

针对河流上游水位监测站距离遥远且缺乏公用设施（如电力和电话线）的情况，Wannachai A 等（WANNACHAI A，2022）提出了一种用于山洪预警系统的无须费力的混合弹性操作站，称为 HERO（Hybrid effortless resilient operation stations）站。HERO 站采用模块化设计理念，易于定制和维护。该系统能够适应环境变化，通过无线传感器网络监测上游河流的水位，并在水位急剧上升时向下游村庄发送预警信息。HERO 站包括太阳能板和充电控制器、电子电路板（主板），电池，传感器设备（例如用于测量水位的超声波传感器、雨量计、温湿度传感器等），防水容器（机箱）以及与桥梁连接的外壳。这些组件根据模块化设计概念进行组织，可以独立创建、修改和替换，以便在安装地点进行定制。HERO 站可以悬挂在桥梁栏杆上，以便超声波传感器可以无阻碍地测量水位。此外，HERO 站能够在集中式和分散式通信模式之间切换，确保即使在互联网连接中断的情况下，也能通过短信直接向村领导传递预警信息，从而维持预警链的完整性。该网络已在泰国北部地区部署，提高了远程地区山洪预警的可用性和效率。

墨西哥科利马州的山洪预警系统（EWIN）（IBARRECHE J，2020）是一个集成实时

监控和预警的网络平台，旨在提前通知居民可能发生的山洪灾害，以便及时撤离。该系统由固定水文监测站、气象站、移动监测站（漂流器）和数据中继设备（嗅探器）组成，利用物联网技术通过 3G 网络收集和传输数据。系统部署了多种传感器，包括超声波水位传感器和土壤湿度传感器，以及监测多种气象参数的气象站。漂流器携带 GPS 模块，用以追踪水流速度和水位，而嗅探器则负责定位丢失的漂流器。EWIN 平台成功地在科利马和维拉德阿尔瓦雷斯都市区实施，为当地政府和居民提供了洪水风险的实时信息。系统成本效益高，总成本约为 60000 美元，为低成本、高效的水文监测提供了可行性证明。尽管系统仍在开发中，但已经显示出在洪水预警和城市规划方面的潜力，未来计划包括进一步整合天气数据和提升系统性能。

三、国内预警系统举例

为了提高疏散性能，Zhang R 等（ZHANG R，2024）提出了一个基于代理的模型（ABM：agent - based model）来模拟人类对山洪预警的响应。该模型通过考虑社会和自然系统的相互作用，模拟了人类接收山洪预警后的心理和行为过程。该模型由三个主要的子模块组成：预警子模块、社会子模块和洪水子模块（图 5 - 1）。其中，预警子模块负责模拟山洪预警的发布过程，包括三个阶段：暴雨红色预警、准备转移预警和立即转移预警。社会子模块是 ABM 的核心，包含了随机森林模型、意见动态模型、疏散行为模型和风险沟通模型，用于模拟居民在接收预警后的决策过程和疏散行为。洪水子模块则模拟洪水的时空动态过程，并评估不同工程措施对防洪效果的影响。这些子模块相互耦合，共同作用于模拟过程中，最终通过社会子模块和洪水子模块的交互来估计伤亡率。研究以中国柳林镇 2021 年 8 月 12 日的严重山洪灾害为案例，分析了预警的提前时间、公众对预警信息的信任程度以及风险沟通策略对疏散效果的影响。结果表明，仅增加早期预警的提前时间并不能保证更好的疏散效果，而提高公众对预警信息的信任度和实施以人为中心的风险沟通策略比"一刀切"的方法更有效。此外，风险沟通策略在减少极端暴雨下的伤亡方面比工程措施更为有效。这项研究不仅证实了 ABM 模型在理解人类对山洪预警反应方面的

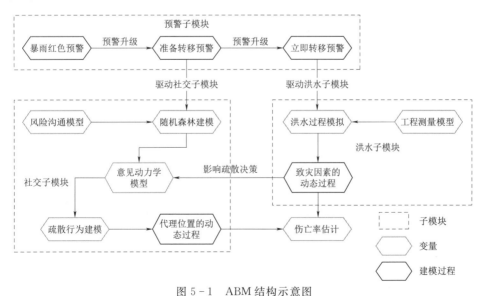

图 5 - 1　ABM 结构示意图

有效性，还为制定预防山洪灾害的策略提供了新的视角。

针对山洪预警系统存在的设备成本高、通信距离短、节点布置密集等问题，董毅（董毅，2020）设计了一种基于 LoRa 传感网络的山洪预警系统，有效解决了数据传输距离短的问题。山洪预警系统整体设计框图如图 5-2 所示，主要由两部分组成：数据采集节点和便携式山洪预警包。数据采集节点负责收集关键的环境参数，如降雨量、水位、土壤温湿度等，并通过 LoRa 无线通信技术将数据传输至便携式山洪预警包。预警包则接收这些数据，并利用模糊数学评价法和层次分析法构建的预警模型进行分析，预测未来一段时间内山洪灾害的可能性，并在液晶界面上显示预警信息。系统的设计注重低功耗和高准确性，通过优化硬件电路和软件算法，实现了长时间的野外工作能力和较高的预警准确率。便携式山洪预警包采用 Exynos4412 处理器，具备较强的数据处理能力，同时，系统的供电设计考虑了太阳能充电，保证了在野外的持续运行。此外，系统还预留了网络接口，未来可以通过 GPRS 等技术将数据上传至云端，实现大数据分析和更广泛的应用。在实际测试中，系统表现出良好的性能，能够在山洪发生前及时发出预警，为防灾减灾提供了有力的技术支持。与传统山洪预警系统相比，该设计的预警系统通过其便携性、低功耗、低成本、高准确性、实时预警和易于维护等特点，为山洪灾害的监测和预警提供了一种更为有效和实用的解决方案。

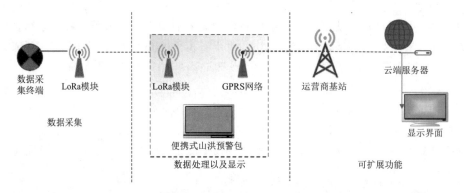

图 5-2　山洪预警系统整体设计框图

针对传统的山洪预报方法难以提供有效和全面指导的问题，Zeng Z 等（ZENG Z，2016）介绍了一种在中国云南省开发和应用的层叠式山洪指导系统（Cascading flash flood guidance，CFFG）。CFFG 系统从山洪潜在指数（Flash flood potential index，FFPI）开始，逐步发展到山洪危险指数（Flash flood hazard index，FFHI），再到山洪风险指数（Flash flood risk index，FFRI）。首先，利用 MODIS 产品的土地覆盖和植被覆盖数据、协调世界土壤数据库的土壤图以及 SRTM 的坡度数据生成 FFPI 复合地图。在这一过程中，采用了层次分析过程和信息熵理论的集成方法作为权重确定方法。接着，通过加入三种标准化的降雨量（洪水季节的平均日降雨量、最大 6h 和最大 24h 降雨量）来推导 FFHI。进一步将 GDP、人口和防洪措施作为脆弱性因素纳入 FFRI，从而预测山洪风险。图 5-3 展示了 CFFG 系统的开发程序框架，这个程序包含数据收集与处理、基于单一数据类型的指数值开发、为每种数据类型分配权重、计算综合洪水指导指数这四个步骤，以及洪水预防措施数据的收集，这些数据与 FFPI、FFHI 和 FFRI 的计算相关联，最终形成一个完整的 CFFG 系统，该系统能够为山洪研究、操作、预防和缓解提供逐步的潜在风险和风险评估。与传统的山洪灾害预警系统相比，CFFG 系统通过其分层递进的预警方法、综合考虑多种因素、灵活的权重分配、高分辨率的风险评估、易于理解和实施、空间分布的可视化以及可扩展性和适应性等优点，为山洪预警提供了一种更为先进和有效的解决方案。

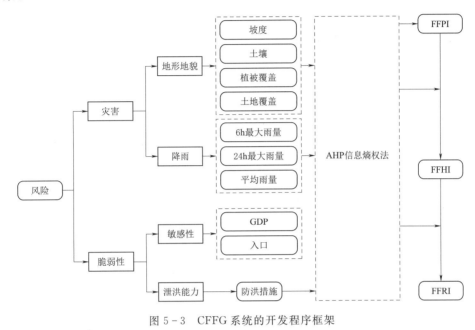

图 5-3　CFFG 系统的开发程序框架

第四节　山洪灾害预警系统在浙江省的应用

一、建德市山洪灾害预警系统

浙江省因地处沿海且地形多山，加之气候和人为活动影响，常遭受严重的山洪灾害。这些灾害在汛期尤为频繁，不仅损毁基础设施和财产，更威胁人民生命安全，阻碍了当地社会经济的持续发展。浙江山洪灾害具有点多面广、成灾迅猛、破坏性强和救援艰巨等特点，亟须加强防治措施。

建德市山洪灾害预警系统（陆奕，2020）采用 B/S 架构，利用 Java 语言、Web Serv-ice 和 GIS 技术进行数据的存储、查询和可视化展示。系统能够收集和储存水雨情数据，提供预警决策服务，有效提升了山洪灾害监测预警能力。建德市山洪监测预警平台主要有首页、综合信息、日常管理、调查评价 1、调查评价 2、基础信息、水库巡查七大功能模块菜单。

研究首先确定了系统建设的目标和方法，明确了预警方法的科学依据，即动态临界雨量作为预警指标。当实测降雨量达到预警指标时，监测人员将发布预警信息，并采取相应的防灾措施。系统的设计考虑了用户的需求，将用户分为系统管理员、决策者和工作人员三类，针对不同用户提供相应的权限和功能。在功能模块方面，系统包括首页、综合信息、日常管理、调查评价、基础信息和水库巡查等多个模块，以满足不同用户的需求。在首页模块，系统展示了实时的基本反射率图、水位站实时水位、气象卫星云图和台风路径图等关键信息。综合信息模块提供了监控信息、防汛信息、工情信息和气象信息的查询。日常管理模块是系统的核心，包括预警发布、预警响应服务、山洪快报、灾情上报、统计报表、预案管理和气象信息等功能。调查评价模块则通过可视化的方式展示了山洪危险区、转移路线、避灾点等关键防灾信息。基础信息模块提供了市乡村基本情况、防汛指挥体系、监测站信息等关键数据的查询功能。水库巡查模块则链接到水利工程巡查安全管理平台，用于查看水库巡查的基本信息。

在实际应用中，该预警系统在 2018 年的多次台风和暴雨事件中发挥了重要作用，成功发布了多次预警信息，协助相关部门及时组织人员安全转移，减少了灾害损失。总体而言，本书提出的基于水文模型的山洪灾害预警系统，为浙江省寿昌江流域提供了一种有效的山洪预警工具。系统通过科学的水文模拟和动态预警指标的确定，结合先进的信息技术，提高了预警的准确性和响应速度，为山洪灾害的防治提供了有力的技术支持。未来应进一步完善水文模型，提高预警指标的精确度，并考虑将山洪灾害的直接灾害和次生灾害综合分析，以实现更全面、科学、智能和高效的山洪灾害预警。

二、临安区山洪灾害预警系统

在浙江省临安区的实践中，山洪灾害预警系统发挥了重要作用（陈培佳，2017）。临安区位于暴雨中心，是山洪灾害易发区和重点防御区，因此对山洪灾害预警的需求尤为迫切。研究者通过构建基于 BP 神经网络、SVM 算法及 GA－SVM 算法的预警模型，利用雨量、水位和土壤含水量等指标进行预警分析。这些模型通过 MATLAB 平台实现，并与实际数据进行对比分析，以验证模型的有效性和准确性。

研究强调了山洪灾害风险分析及其应对措施，重点在于如何根据预警信息采取有效的防范和应对行动。图 5－4 为临安区县乡山洪灾害预警流程图。首先，研究分析了山洪灾害的风险，根据不同的预警等级，提出了相应的预警标准和信息发布要求。接着，讨论了提前抵御山洪灾害的措施，包括建立防汛组织机构、加强监测预警、制订应急预案等。此外，还强调了在山洪灾害预警执行过程中，各级防汛指挥部的职责和行动方案，以及如何通过多种渠道及时发布预警信息。最后，研究指出了在特殊情况下的预警流程和信息发布与应急结束的程序，旨在确保在山洪灾害发生时能够迅速、有效地进行应对，保障人民生命财产安全。

实践结果表明，这些算法能够有效预测未来的雨量和水位变化，以及可能发生的山洪灾害等级。其中，GA－SVM 算法在预测精度上表现最佳，误差值最小，因此更适合用于山洪预警模型。通过这些预警模型，政府和相关部门能够根据预警信息提前采取应对措施，如发布预警通知、组织人员疏散等，从而有效降低山洪灾害对人民生命财产的威胁。

三、温州市瓯海区山洪灾害预警系统

在温州瓯海区的实践中（周翔，2014），山洪灾害预警系统的设计与实现遵循了现代水利信息化建设的原则，利用现代电子信息技术对水文数据进行采集、处理，并以无线通信网络和计算机网络系统为数据传送媒介，形成一个统一的水利管理系统平台。该系统采

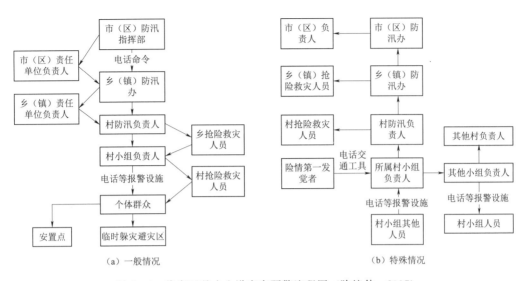

图 5-4 临安区县乡山洪灾害预警流程图（陈培佳，2017）

用了 J2EE 技术和 B/S 模式，具有良好的重构和伸缩特性，能够实现分层体系结构。系统的主要功能包括水文情报警、雨情监测、河道水情监测、水库水情监测等，通过这些功能模块，可以有效地进行山洪灾害的预警和管理。

　　瓯海区山洪灾害预警系统的设计与实现是一个综合性的信息化项目，旨在提高该地区对山洪灾害的预警能力。该系统的设计遵循了现代水利信息化建设的原则，采用了先进的软件设计方法和技术路线，以及分布式体系结构和面向服务的架构（SOA）等设计思想。系统的主要组成部分包括网络硬件层、数据资源层、数据汇集平台、应用支撑平台、应用层和表现层。这些层次结构确保了系统的数据采集、处理、管理和发布能够高效、准确地进行。系统采用了 B/S 模式，客户端通过浏览器访问，后端则通过应用服务器处理业务逻辑和数据存储。在预警处理流程方面，系统能够根据实时监测的水雨情数据，结合预警模型和指标体系，自动判断并划分预警等级。预警信息的发布分为内部预警和外部预警两个阶段，确保相关人员和公众能够及时接收到预警信息。系统实现的关键功能模块包括水文情报警、雨情监测、河道水情监测、水库水情监测等。这些模块通过电子地图和 GIS工具，实现了对山洪灾害潜在风险区域的实时监控和预警，为防汛决策提供了科学依据。

　　瓯海区山洪灾害预警系统的设计和实现，体现了对地区水文信息化管理需求的深入理解和响应。系统不仅提高了防汛决策的科学性和主动性，而且通过信息化手段，加强了对水利资源的管理和利用，为地区的防洪减灾工作提供了有力的技术支持。这一实践表明，预警系统在提升自然灾害应对能力方面发挥了重要作用，是现代水利管理中不可或缺的一部分。

第六章　山洪灾害防御预案

山洪灾害防御预案是应对山洪灾害的预先规划措施，旨在减少灾害损失。预案的制定基于对山洪特性的认识，是防灾减灾工作的重要组成部分。本章将概述山洪预案的概念、特点及作用，并深入探讨其编制过程，包括组织体系、监测预警、抢险救灾等环节。在此基础上，辅以案例进行说明。期望通过本章的解析，能为相关部门和人员提供有益参考，助力提升山洪灾害防御工作水平。

第一节　山洪灾害防御预案概述

一、山洪灾害防御预案概念

山洪灾害防御预案，简称山洪预案，是为应对可能突发的山洪灾害而预先制定的综合性应急方案。它是一套标准化的预防准备与应急处置流程，为救援活动提供了明确的行动指南，确保各项有关工作能够有条不紊地展开。

山洪预案是基于对山洪灾害风险的深入评估、应急资源的全面调查和应急能力的实际考量而精心制定的。它综合考量了连续降雨、地质条件、水文环境、植被状况及人为因素等可能触发山洪的多重因素。旨在降低灾害对人身、财产、基础设施及环境资源的直接破坏，并控制灾害的进一步发展，消除其潜在影响，并有效防止次生或衍生灾害的发生。

通过实施山洪预案，我们能够在灾害发生前、发生时、发展过程中以及结束后，明确知道应该有关工作由谁负责、如何操作、需要完成哪些任务、何时开始行动以及如何利用现有资源进行有效的应对（范升彦，2019）。

二、山洪灾害防御预案的特点

山洪灾害具有季节性强，频率高；来势迅猛，成灾快；破坏性大，危害严重；区域性明显，易发性强等诸多特点（崔鹏，2014）。山洪预案就是针对山洪灾害的这些特点而制定的具体行动方案。因此，山洪预案需具有鲜明的系统性、权威性、针对性、可操作性和时效性等特点（范升彦，2019）。

（一）系统性

山洪预案的编制是一个系统工程，其管理则是一个涵盖全环节、全链条、全过程的综合体系。山洪预案的系统性体现在其需要进行全面规划、综合运用多种措施、各部门的协调配合、动态管理与及时反馈等多个方面。这些要素相互作用，共同构建了一个完善的防御系统，为有效抵御山洪灾害提供了有力保障。

（二）权威性

山洪预案必须合法合规，确保其权威性和有效性。在制定过程中，必须严格遵循国家相关法律法规和规章制度，并结合地方实际情况进行具体规划。山洪预案不仅是对法律法规及规章制度的细化和补充，更是检查和落实山洪灾害应对工作的规范性文件。

（三）针对性

山洪预案针对山洪灾害而制定，具有极强的针对性。它不仅详细规划了应对策略，还提出了具体的应对要求，涵盖了山洪灾害的特点、可能发生的灾害类型、可能的影响范围和程度、应急救援的需求以及宣传和教育要求等方面。这种全方位的考虑和准备，使预案更具实用性和针对性，从而能够更好地保护人们的生命财产安全。

（四）可操作性

山洪预案的核心是针对山洪灾害的应对与处置，强调可操作性。在制定山洪预案时，必须从实际出发，针对不同层级的山洪灾害制定具体的预案内容、操作程序和行动方案。山洪预案不是为了应付上级检查或推卸责任，而是为了在关键时刻能够提供有效的应对措施，切实保护人们的生命财产安全。因此，山洪预案必须能用、管用、实用，具有可操作性，确保在实际应用中能够发挥有效作用。

（五）时效性

山洪预案在一定的范围和时限内，具有法律效应，超出其范围和时效，就降低或失去了对山洪灾害应对工作的指导意义。预案的时效性取决于灾害后的紧急响应时间和预案的有效期限。紧急响应时间越短，预案时效性越强。通常，山洪预案有效期为3～5年，并在此期间进行定期更新和评估。这样能确保预案及时有效应对山洪灾害，最大程度保护人民生命财产安全。

三、山洪灾害防御预案的作用

山洪预案在山洪应急管理中具有重要地位。它不仅是规划、纲领和指南，更是山洪应急管理理念的体现。作为动员令，山洪预案为应急管理部门提供了实施应急、预防、引导和操作等工作的重要依据。制定山洪预案实质上是对山洪灾害中隐性的常态因素进行显性化处理，将历史经验中具有规律性的做法进行总结、概括和提炼，形成具有约束力的制度条文。通过启动和执行山洪预案，这些制度化的内在规定性得以转化为实践中的外化确定性，为应对山洪灾害提供了有力支持。山洪预案在山洪灾害应对工作中的作用可分为三个层次（范升彦，2019）。

（一）事前预防

这是山洪预案中最为基础和重要的环节。通过危险辨识和山洪灾害后果分析，可以识别出潜在的山洪危险区，了解山洪灾害可能带来的影响，并采取相应的技术和管理手段来降低山洪灾害发生的概率以及伤害。这些手段可能包括水土保持措施、植被恢复、土地利用规划、预警系统建设等。通过这些措施，可以减少山洪灾害发生的可能性，从而降低灾害风险。

（二）应急处置

一旦发生山洪灾害，应急处置程序和方法至关重要。山洪预案中应包括基本的应急处置程序和方法，能够做到快速反应，及时发现并控制各种险情。这些程序和方法可能包括应急指挥系统、救援队伍组织、应急物资调配、灾民安置等。通过快速、有效的应急处置，可以最大程度地减少人员伤亡和财产损失，将各种险情消除在萌芽状态。

(三)抢险救援

对于已经发生的山洪灾害,抢险救援是至关重要的。山洪预案中应包括预定的应急抢险救援方案,能够控制事态发展并减少损失。这些方案可能包括救援队伍的组成和行动路线、应急物资的调拨和分配、灾民的紧急疏散和安置等。通过预先制定的抢险救援方案,救援队伍可以迅速投入救援行动,有效控制事态发展,减少灾害造成的损失。

第二节 山洪灾害防御预案的编制

一、山洪灾害防御预案编制目标与依据

山洪预案编制的目标是通过山洪预案的编制,明确各级防汛部门、社区、企事业单位等在应对山洪灾害时的职责和任务,确保在紧急情况下能够迅速、有效地响应和行动。同时,通过预案的编制,加强山洪灾害的风险评估和预警,提高公众对山洪灾害的防范意识和应对能力,最大程度地减少人员伤亡和财产损失(曹飞凤,2023)。山洪预案编制的主要依据见表6-1。

表6-1 山洪预案编制的主要依据

发布时间	发布部门	文件名称
2003-07-08	国务院防汛抗旱总指挥部	国家防总关于加强山洪灾害防御工作的意见
2004-03-17	水利部、国土资源部、中国气象局、建设部、国家环保总局	关于进一步加强全国山洪灾害防治规划编制工作的通知
2005-05-09	水利部、国土资源部、中国气象局、建设部、国家环保总局	全国山洪灾害防治规划报告
2006-10-27	国务院	国务院关于全国山洪灾害防治规划的批复
2010-04-01	国务院	气象灾害防御条例
2011-10-10	国务院	国务院关于切实加强中小河流治理和山洪地质灾害防治的若干意见
2011-04-06	国务院	全国中小河流治理和病险水库除险加固、山洪灾害防御和综合治理总体规划
2013-05-25	水利部	全国山洪灾害防治项目实施方案(2013—2015年)
2014-10-03	水利部	山洪灾害防御预案编制导则
2015-04-01	水利部	山洪灾害群测群防体系建设指导意见
2016-12-19	国务院	关于推进防灾减灾救灾体制机制改革的意见
2016-12-29	国务院办公厅	国家综合防灾减灾规划(2016—2020年)
2017-11-10	水利部	全国山洪灾害防治项目实施方案(2017—2020年)
2018-08-30	水利部办公厅	关于开展水库安全度汛、山洪灾害防御、河道防洪专项督查的通知
2020-06-16	水利部	山洪灾害监测预警监督检查办法(试行)
2020-12-25	水利部	全国山洪灾害防治项目实施方案(2021—2023年)
2022-03-03	水利部	关于加强山洪灾害防御工作的指导意见

发布时间	发布部门	文件名称
2022 - 04 - 26	水利部办公厅	2022 年度山洪灾害防御能力提升项目建设工作要求
2022 - 05 - 30	国务院办公厅	国家防汛抗旱应急预案
2022 - 06 - 19	国家减灾委员会	关于印发《"十四五"国家综合防灾减灾规划》的通知

二、山洪灾害防御预案编制的总体要求

(一) 指导思想

以习近平新时代中国特色社会主义思想为指导，坚持人民至上、生命至上，深入贯彻落实"两个坚持、三个转变"防灾减灾救灾新理念，统筹发展和安全，强化底线思维，增强忧患意识，提高防控能力，以持续加强山洪灾害防治项目建设为基础，以完善山洪灾害监测预警体系为保障，以高效发挥山洪灾害监测预警系统和群测群防体系作用为重点，全力防范化解山洪灾害风险，最大限度保障人民群众生命安全（水利部，2022）。

(二) 编制原则

（1）坚持生命至上。坚持以人民为中心的发展思想，聚焦保障人民群众生命安全，增强全民防灾减灾意识，坚决守住山洪灾害防御安全底线。

（2）坚持预防为主。坚持日常防治和应急处置相结合、非工程措施和工程措施相结合，加强山洪灾害综合防治体系建设，强化监测预警，完善工作体系，夯实防御基础，提升山洪灾害防御能力。

（3）坚持科学决策。在山洪灾害防御工作中，要注重科学决策，充分运用现代科技手段，提高决策的科学性和准确性。同时，要加强与科研机构、专家的合作，不断引进新技术、新方法，提高山洪灾害防御的科技水平。

（4）坚持风险防控。围绕山洪灾害防御存在的短板和薄弱环节，坚持关口前移，加强风险源头管控，实现从减少山洪灾害损失向减轻山洪灾害风险转变，全力防范化解山洪灾害风险。

（5）坚持协调联动。坚持基层地方政府为山洪灾害防御主体，强化部门之间协同配合，充分发挥各部门专业指导和基层组织作用，形成山洪灾害防御工作合力（水利部，2022）。

三、基本情况依据

(一) 自然地理及水文气象

在山洪预案的编制过程中，需要深入了解区域地理位置、地形地貌特点、地质条件等自然地理因素，以及小流域分布、数量、面积等具体情况。同时，全面掌握区域的气候特征、历史最大雨强、历史最高洪水位和历史最大洪水流量等水文气象信息。这些数据和情况对于预测洪水、制定防洪措施、评估灾害风险以及应急救援等工作至关重要。只有充分了解和分析这些自然地理及水文气象条件，才能制定出科学、实用、有效的山洪预案，有效应对山洪灾害，保障人民生命财产安全（水利部，2014）。

(二) 社会经济

在编制山洪预案时，不仅要关注自然地理条件，还要充分考虑社会经济因素的影响。

了解区域内的行政区划、乡（镇）、村数量及分布、居住人口等情况，有助于精准定位防汛工作的重点区域和目标人群。同时，掌握地区生产总值、固定资产、耕地面积等经济指标，有助于评估灾害对经济的冲击和灾后重建的能力。此外，了解重要工矿企业和基础设施的规模及分布，有助于评估其在洪水中的安全风险和制定针对性的应急措施。而关注人口密集区的分布和情况，则有助于制定有效的应急疏散和救援计划，确保这些区域的安全。综合考虑社会经济因素，能够使山洪预案更加科学、全面和实用，有效应对山洪灾害，最大程度地保障人民生命财产安全（水利部，2014）。

（三）山洪灾害概况

在编制山洪预案时，全面了解山洪灾害的概况是至关重要的。这包括了解山洪灾害的类型、成因和特点，以便制定针对性的防汛措施。同时，分析区域内典型历史山洪、泥石流、滑坡灾害情况，可以为预案制定提供经验和教训，预测未来灾害的可能趋势。此外，了解地质灾害隐患点的情况也是制定预案的重要环节，有助于监测和防范潜在的灾害源头或易损点。通过对山洪灾害概况的深入了解和分析，能够为制定科学、有效的防汛措施和应急预案提供重要依据，更好地应对山洪灾害，保护人民群众的生命安全和财产权益（水利部，2014）。

（四）山洪灾害防御现状

在制定山洪预案时，了解山洪灾害防御现状十分关键。评估现有非工程措施，如雨水情监测、预警设施等，以及工程措施，如山洪沟治理工程、水库工程等，是制定预案的基础。同时，关注防御体系存在的薄弱环节，如基础设施不足、预警系统缺陷等，能够为改进和优化防御措施提供方向。全面了解山洪灾害防御现状是制定有效预案的前提，它有助于制定更加科学、有针对性的方案，增强应对能力，最大限度地保护人民生命财产安全（水利部，2014）。

四、组织体系

在防御山洪灾害方面，各地通常采取的措施是在省、市级防御指挥机构的领导下，设立县、乡、村三级防御指挥机构（卢阳，2017）。这种指挥体系在预案中明确了各级指挥机构负责人及成员名录，使相关人员清楚自己的职责和任务，有利于在灾害发生时快速启动应急响应。

浙江省在防御山洪灾害方面有着自己独特的经验和做法。在深入挖掘和系统总结了习近平总书记在浙江工作期间关于防汛防台工作的重要论述和经验做法的基础上，浙江省形成了独具特色的"1833"联合指挥体系。这一体系的核心是实现"四个统一"，即统一话语体系、统一规则体系、统一工作体系和统一责任体系。

具体来说，"1833"联合指挥体系是通过建立多部门协同作战的工作机制，实现信息共享、资源整合和力量统筹。通过统一话语体系，各部门能够更好地沟通协调，避免信息传递的混乱和误解；通过统一规则体系，明确各部门在应对灾害中的职责和行动规范，确保有序、高效地开展工作；通过统一工作体系，整合各部门的专业优势和技术资源，形成合力，提高应对灾害的能力和效率；通过统一责任体系，明确各部门在应对灾害中的责任和义务，确保在灾害发生时能够迅速响应、有效处置。

（一）总体构架

浙江省"1833"联合指挥体系由 1 个联合指挥部、8 个风险研判小组、"3 张单"和"3 个一"组成，以实现统一指挥和统筹协调。"1 个联合指挥部"是核心大脑，负责统一指挥和统筹协调；"8 个风险研判小组"提供专业支撑，实现条抓块统、统分结合、整体联动、高效运行；"3 张单"是推进全过程闭环管控的具体手段，实现指挥部指令、风险研判逐级传递、层层推进、闭环反馈；"3 个一"是打通指挥部、研判小组、风险闭环的重要抓手，即通过一条消息、一个电话、一次视频，叫应叫醒关键人，激活全体系。

（二）联合指挥部运行机制

构建"1＋3＋2"联合指挥部即 1 个联合指挥部参谋部，下设联合指挥中心（9 个应急工作组）、3 个联合指挥室、2 个专项工作组（图 6-1）。

联指中心的 9 个应急工作组分别为综合防控组、预警值守组、综合文秘组、安全生产组、救援协调组、灾害救助组、新闻宣传组、督查指导组、指挥保障组。

（1）综合防控组。通过收集、整理和分析各类信息，形成有价值的结果，为指挥部提供科学、准确的依据；及时发布和调整应急响应等级，形成综合研判产品并动态更新，对内分发至其他组（室），对外形成风险提示单指导防御准备。

（2）综合文秘组。收到综合研判产品后，经过提炼梳理，编发向省领导报告的短平快消息，形成专班简报以及汇报材料等。

（3）预警值守组。收到综合研判产品后，重点有两项任务：一是"叫应叫醒"：

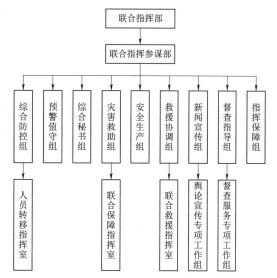

图 6-1 联合指挥部运行机制示意图

针对暴雨、山洪、地质灾害三种预警类型，在黄色、橙色、红色三个预警级别下，通过"3 个一"手段（一条消息、一个电话、一次视频），实行"135"预警叫应机制（"1 分钟内视频连通各地防指，值班人员 3 分钟内通知值班领导，值班领导 5 分钟内到位应答"），及时叫应 3 个关键人（地方防指办主任、常务副县长、县长）（表 6-2）。切实确保 5 个讲清楚"有没有研判，有没有方案，有没有行动，物资力量有没有到位，社会面有没有宣传发动"，真正做到"叫应关键人、激活全体系"；二是信息报送，每日将监测预报预警结果、险情灾情、应急处置工作等情况通过省委突发快响系统信息进行报送。

表 6-2　　　　　　　　　　　　　　　叫应叫醒表

三种预警类型	三个预警等级	三个关键人	"3 个一"手段
暴雨	黄色	地方防指办主任	一条消息
山洪	橙色	常务副县长	一个电话
地质灾害	红色	县长	一次视频

（4）安全生产组。负责安全生产领域的应急管理工作，防范和应对生产安全事故，保护人民生命财产安全。

（5）救援协调组。负责协调各方救援力量，组织开展抢险救援工作，确保救援行动的及时、有序和高效。

（6）灾害救助组。负责灾后救助和恢复重建工作，为受灾群众提供必要的救助和安置，帮助他们尽快恢复正常生活和生产秩序。

（7）新闻宣传组。负责新闻宣传和舆论引导工作，及时发布权威信息，澄清谣言传闻，维护社会稳定和公共秩序。

（8）督查指导组。负责对防汛防台工作进行督查和指导，确保各项工作得到有效落实和执行，推动改进和提升防汛防台能力。

（9）指挥保障组。负责为联合指挥部提供必要的后勤保障和物资支持，确保指挥部能够高效运转，为应对突发事件提供有力支持。

3个联合指挥室分别为联合救援指挥室、联合保障指挥室以及人员转移指挥室。其中，Ⅲ级应急响应启动后，救援协调组提级为联合救援指挥室，消防、专业、社会、企业、军警5类综合力量，通信、电力、水利、交通4支专业力量，海事、海警、航空救援、央企等其他力量梯次进驻，由省应急管理厅分管领导担任指挥，各支力量负责人为副指挥，组织制定联合救援行动方案，统筹各类救援队伍投入抢险救援；Ⅲ级应急响应启动后，灾害救助组提级为联合保障指挥室，粮食物资、水利等政府储备力量，京东、顺丰、菜鸟等社会储备力量，铁路、公路、航空等运力单位梯次进驻，由省应急管理厅分管领导担任指挥，各单位联络员为副指挥，组织制定联合保障行动方案，统筹各类应急物资装备的调配预置工作；在防汛防台全程，设置人员转移指挥室，自然资源、建设、水利、农业农村、旅游、应急等部门梯次进驻，由省应急管理厅分管领导担任指挥，各单位联络员为副指挥，统筹指导各地区各行业人员转移安置、数据统计、风险分析研判、安全返回等工作。

2个专项工作组分别是督查服务专项工作组、舆论宣传专项工作组。其中，Ⅲ级应急响应启动前，督查指导组提级为督查服务专项工作组，省政府督查室、省监委纪委、相关行业专家等进驻席位，由省政府督查室主任担任组长，各单位联络员为副组长，组建11个督导组赴各地针对性督导服务防御应对工作；Ⅱ级应急响应启动后，新闻宣传组提级为舆论宣传专项工作组，省委宣传部、省委网信办、新闻媒体等单位进驻席位，由省委宣传部副部长担任组长，各单位联络员为副组长，负责汛情、灾情和抢险救灾等方面的宣传报道，并做好舆情监控、协调和处置工作。

（三）"8个风险研判小组"运行机制

按照"8张风险清单"分类分层分级研判管控工作机制要求，组建地质灾害（省自然资源厅牵头）、山洪灾害（省水利厅牵头）、水库山塘河网（省水利厅牵头）、安全生产（省应急管理厅牵头）、海域安全（浙江海事局、省农业农村厅牵头）、城市内涝和城市安全运行（省建设厅牵头）、交通运输（省交通运输厅牵头）、景区旅游（省文化和旅游厅牵头）等8个安全风险研判小组。同时，以八个牵头部门为专业技术保障，动态精准研判，协同应对处置，横向串联行业部门，纵向贯通省市县三级，是联合指挥部统一、协同、高效运转的基础支撑。重点有4项任务：①编制防御工作子方案。②全力支持联合会商专班。③下发部门提示单、预警单。④履行行业部门监管职责。

（四）"3张单"运行机制

各级山洪灾害防御指挥部和相关成员单位根据山洪发展趋势和防御工作形势，结合等级响应要求，强化各领域、全过程风险研判管控，及时下发风险提示单、预警响应单、管控指令单。以"3张单"为关键手段，实现风险"识别提示、确认预警、指令管控、闭环反馈"全流程掌控。

（1）风险提示单。在山洪灾害易发期，根据气象、水文等部门的监测数据和预报，山洪灾害防御指挥部组织专家分析本地区山洪灾害风险，并下发专业风险提示单。风险提示单应包括可能受影响的区域、可能发生灾害的类型、风险等级等内容，并通过媒体、短信、广播等多种方式向社会发布。同时，将风险提示单同步共享给相关成员单位和基层责任人。

（2）预警响应单。在山洪灾害发生前或发生初期，根据气象、水文等部门的监测和预报，山洪灾害防御指挥部及时发布山洪灾害预警信息。预警信息应包括受影响的区域、可能发生的灾害类型、预警等级等内容，并根据预警等级启动相应的应急响应措施。同时，通过短信、电话、广播等多种方式及时通知基层责任人和受影响区域的居民，做好防灾减灾准备。

（3）管控指令单。在山洪灾害防御过程中，针对重点风险问题和重大决策事项，由山洪灾害防御指挥部组织相关部门进行综合研判，形成管控指令单。管控指令单应包括具体的风险点、风险类型、管控措施、责任部门和完成时限等内容，并下发至相关成员单位和基层责任人。相关单位和责任人应按照指令要求，及时采取措施进行风险管控和处置，并及时反馈处置结果。

五、监测预警

（一）预警指标

山洪灾害预警指标主要包括雨量预警指标和水位预警指标（LIU C，2018）。

1. 雨量预警指标

雨量预警指标的计算需要综合考虑预警时段的确定、土壤含水量的计算、临界雨量的计算和预警雨量的确定等多个环节。

预警时段的确定需考虑上游集雨面积、汇流时间、流域形状、地形地貌、植被覆盖和土壤含水量等因素。

土壤含水量的计算可利用水文部门的数据或前期流域土壤含水量进行估算。

临界雨量的计算需在成灾水位、预警时段及土壤含水量基础上进行，并考虑流域土壤的不同湿润状况。

预警雨量的确定需充分考虑河段洪水上涨速度、历史最高洪水位和典型场次洪水等因素，以确保在洪水达到危险水平前有足够的时间进行人员转移（张新海，2020）。

2. 水位预警指标

在计算水位预警指标时，首先需选择能反映河道形状的控制断面，尽量选择河势平稳、河道顺直段，避免有桥梁、堰、陡坎和卡口等障碍物。

其次，根据河流是否有堤防来确定成灾水位，有堤防的以堤顶高程为标准，无堤防的则以两岸居民房屋宅基高程为准。

接下来，关联上游或周边流域的水位站数据，确保数据准确性和可靠性。

最后，根据控制断面的成灾水位，推算上游水位站的成灾水位，并考虑人员转移时间，确定最终的水位预警指标（张新海，2020）。

（二）预警启动时机

（1）当接到暴雨天气预报时，相关责任人应高度重视，布置监测预警人员上岗。当预报或发生的降雨接近或将超过临界雨量值时，应发布暴雨预警信息。

（2）如果上游水位迅速上升，可能对下游构成威胁，监测人员需立即上报并按指示向下游发出预警。

（3）当出现泥石流、滑坡等山洪灾害的前兆时，监测人员应迅速上报并根据上级命令发布相应预警。

（4）一旦水库或山塘出现严重的溃坝风险，必须毫不迟疑地发布紧急预警信息。

（三）预警流程

根据水利部发布的两个行业标准《山洪灾害防御预案编制导则》（SL 666—2014）（水利部，2014）和《山洪灾害监测预警系统设计导则》（SL 675—2014）（水利部，2014）的规定：监测预警系统的预警信息由县级防汛指挥机构通过监测预警平台向乡（镇）、村、组、户发布。群测群防的预警信息由乡（镇）、村（组）及时发布。

1. 县级平台的预警流程

通过数据共享，可以全面收集来自有关部门等各方面的信息，包括实时监测数据和预警信息，这些数据和信息将被有效整合并传输至县级监测平台（WEN-BING J，2024）。县级防汛指挥部门通过该平台向乡（镇）、村、组以及有关部门和单位责任人发布预警信息。收到预警信息后，各乡（镇）、村、组和有关单位需根据防御预案组织并实施相应的应对措施（严珍，2018）。基于平台的预警流程图如图 6-2 所示。

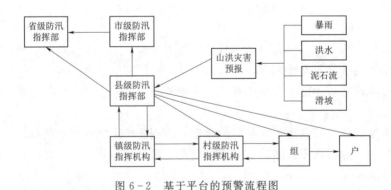

图 6-2　基于平台的预警流程图

2. 乡村群测群防的预警流程

群测群防预警信息的获取主要来源于县、乡（镇）、村或监测点，由监测人员运用山洪灾害防御宣传培训所学的经验与技术，并结合监测设施提供的信息，进行科学分析后发布。各乡（镇）除接收县防汛部门发布或下发的预警信息，还接收群测群防监测点、村、水库、山塘等监测点的预警信息。村、组接收上级部门和群测群防监测点、水库、山塘等监测点的预警信息。上游乡镇、村组的预警信息要及时向下游乡镇、村组传递（严珍，

2018）。群测群防预警流程图如图6-3所示。

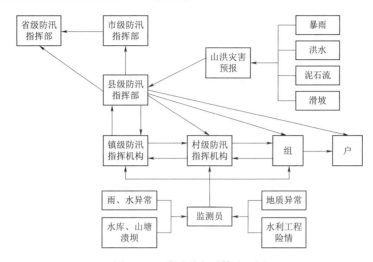

图6-3　群测群防预警流程图

（四）预警信息发布

山洪灾害预警信息发布系统旨在为政府、社会公众、特殊行业、部门和科研人员等提供定制化的服务信息，以便在山洪灾害发生时迅速采取应对措施，保障人民生命财产安全。

根据不同的发布对象，预警系统可分为针对公众的预警系统和针对特定用户群的预警系统。对于政府和相关部门，需要提供准确、细致的预警信息，以便制定科学的救灾方案。对于大型工程设施、公共区域和应急响应机构等特定用户群，预警系统应包含相应的应急处置方案和措施，以便迅速采取减灾行动。针对公众的预警信息必须简单明了，易于理解，避免引起恐慌。

在发布方式上，针对政府和特定用户的信息发布主要采用专用网络直接传输，而针对公众的信息发布服务则采用运营商网络，发布终端包含电视广播等传统媒体、手机短信、智能手机App客户端、微信、微博推送等。人口密集区在进行信息发布时，应结合位置服务、地理围栏等信息，按照距离优先的原则进行推送，确保信息能够快速传达给受影响的人群。

六、人员转移

（一）转移安置原则

人员转移应遵循"先人员后财产"的原则，优先保障人民的生命安全。其次，应优先转移老弱病残和妇女儿童等弱势群体，再转移一般人员。此外，应先转移地势低洼处的人员，再转移较高处的人员。以集体、有组织的方式进行转移为主。转移负责人有权对不服从转移命令的人员采取强制转移措施，确保所有受影响的人员都能得到及时、安全的转移。

（二）转移安置路线

在确定山洪灾害人员转移安置路线时，应遵循就近、安全的原则（水利部，2014）。应提前规划好转移路线，并定期检查路线状况，如有异常应及时修复或调整。转移路线应避开滑坡等危险区域，确保安全。同时，及时向村民传达转移路线，制作标识牌明确安全区、危险区和转移路线等信息，以便村民顺利、安全地到达安置地点。

（三）转移安置方式

安置地点应根据实际情况选择，遵循就近安置、集中安置和分散安置相结合的原则。安置方式包括投亲靠友、借住公房和搭建帐篷等。在选择搭建帐篷的地点时，应确保该区域安全，避免山洪灾害易发区和危险区域，选择地势较高、不易受水淹的地方，并尽量靠近救援物资供应点和医疗救助站等设施，以确保受灾群众的基本生活需求和安全。

（四）转移安置纪律

（1）在山洪灾害转移过程中，所有人员必须无条件服从各级指挥部门的指令，不得擅自行动或违反指挥。

（2）接到转移指令后，应立即采取行动，按照预定的转移路线和安置地点进行转移，不得延误。

（3）在转移过程中，应互相帮助，团结协作，共同克服困难，确保安全转移。

（4）必须如实报告转移人数和安置情况，不得虚报、瞒报，以免影响决策和救援工作。

（5）任何人员不得阻碍转移工作的实施，严禁滥用职权、玩忽职守等行为，对于违反纪律者将依法追究责任。

（6）在转移过程中，应注意自身安全，采取必要的防护措施，确保生命财产安全（浙江省人民政府，2008）。

（7）转移工作采取镇、村、组干部层层包干负责的办法实施，统一指挥、统一转移、安全第一。

（8）对于特殊人群的转移安置应采取专项措施，并派专人负责。

（五）人员搬迁

对处于山洪灾害易发区、生存条件恶劣，地势低洼且治理困难地区的居民，考虑农村城镇化的发展方向及满足全面建成小康社会的发展要求，结合易地扶贫、移民建镇，引导和帮助他们在自愿的基础上做好搬迁避让（秦景，2018）。

七、抢险救灾

（一）抢险救灾前准备

1. 抢险救灾工作机制

为了在灾害发生时能够迅速、有效地进行抢险救灾工作，必须建立完善的抢险救灾工作机制。这个机制应包括人员组织、物资调拨、车辆调配和救护等方面的方案，以确保救援工作的顺利进行（严珍，2018）。

2. 抢险救灾的准备工作

为了确保救援行动的高效进行，必须对救助装备、资金和物资进行充分准备（严珍，2018）。

首先，应准备足够的救援装备，包括专业工具、医疗设备等，并确保其性能良好，能够满足现场救援的需求。其次，资金是抢险救灾行动的重要保障，必须提前筹备足够的资金，为救援行动提供稳定的资金支持。此外，充足物资的储备也是至关重要的，应准备足够的食品、饮用水、医疗用品等物资，以满足受灾群众的基本生活需求。

3. 灾情处置方案

应明确灾情处置方案，包括围困人员解救、伤员抢救等方面的措施（严珍，2018）。

首先，应制订详细的救援计划，明确救援队伍的任务和分工，确保救援行动的有序进行。其次，应加强与相关部门的协作配合，如消防、医疗等部门，共同制定救援方案，提高救援效率。此外，应对救援人员进行培训和演练，提高其应对灾害的能力和心理素质，确保在灾害发生时能够迅速、有效地进行抢险救灾工作。

（二）抢险救灾

1. 确保生命安全

在紧急情况下，为了迅速响应并确保人民的生命安全，应优先考虑强制征用和调配必要的车辆、设备及物资，将人民群众的生命安全放在首位。

2. 专人监测与防御

对于可能引发新危害的山体和建筑物，应安排专人进行持续监测，并采取必要的防御措施，以防止可能的二次灾害，确保对这些潜在风险的及时响应。

3. 迅速转移被困人员

一旦发生灾害，首要任务是将被困人员迅速、安全地转移到安全地带，确保他们尽快得到救助。

4. 及时救援与处置

对于有人畜伤亡的情况，应迅速进行救援，并立即清理人畜遗体，确保灾区的公共卫生和环境安全。

5. 临时安置与后续支持

对于紧急转移的人员，应提供临时的安置场所，并提供必要的粮食、衣物等生活物资。同时，做好灾区的卫生防疫工作，确保灾民的基本生活需求得到满足。

6. 基础设施抢修

应迅速组织力量抢修受损的水、电、路和通信等基础设施，确保灾区的基本生活和通信得以恢复（水利部，2014）。

八、保障措施

（一）明确各级政府和部门的责任，确保责任到人

基层地方政府要切实担负起主体责任，加强组织领导和统筹协调。水利部门要全面压实山洪灾害监测预警责任，严格执行监测预报、预警发布和运行维护等各项工作，确保各项职责得到有效落实。

（二）加大资金投入，提升防御能力

地方各级水利部门要充分利用中央财政补助资金，并积极争取地方财政支持，确保山洪灾害防治工作有足够的资金保障。同时，将运行维护经费纳入财政预算，保障山洪灾害监测预警系统的稳定运行。

（三）加强培训宣传，提升公众防灾意识

各级水利部门要定期举办山洪灾害防御培训班，提高基层工作人员的业务水平和应对能力。同时，利用媒体渠道，广泛宣传山洪灾害防御知识和成功案例，增强公众的防灾减灾意识。

（四）建立奖惩机制，激励责任落实

附则是对山洪灾害防御预案文本的补充和支撑，附则通常包括有关名词、术语和缩写语的定义与说明、明确预案执行过程中相关单位和个人的奖励与责任追究规定、规定预案的修订年限及具体要求，指定负责解释预案的部门或单位，以及明确预案的正式发布与实施时间等管理要求（水利部，2014）。

九、附则

明确山洪灾害防御预案执行过程中相关奖励与责任追究的具体规定；山洪灾害防御预案的修订年限等要求；山洪灾害防御预案的解释部门或单位；山洪灾害防御预案的发布与实施时间等管理要求（水利部，2014）。

第三节 应 用 实 例

一、预案修编背景

淳安县位于杭州市西南部丘陵山区，介于北纬 $29°11'\sim30°02'$，东经 $118°20'\sim119°20'$，因千岛湖而成为旅游胜地。淳安县地形四周较高，中间较低，高山脉主要分布在东北、西部、南部边境，中部地区主要是新安江水库，占全县面积 13％，这种特殊的类似"两山夹一沟"地形导致了该区域容易成灾。研究显示，中心千岛湖湖区为少雨，年降水量在 $1350\sim1500$mm，而北部东北部、西部和南部边境地区，由于地势高，受地形阻挡抬升作用，成为降水量最多地区，年降水量高于 1800mm，洪涝灾害易发多发。

为深入学习贯彻习近平总书记关于防汛救灾工作的重要指示精神，认真落实"一个目标、三个不怕、四个宁可"防汛防台理念，坚持人民至上、生命至上，进一步增强责任感、使命感、紧迫感，牢固树立"$100-1=0$"的安全理念，抓紧抓实抓细防汛防台尤其是山洪灾害防治的各项工作，确保汛期平安稳定，保障人民群众生命财产安全，针对山洪灾害防治形势，淳安县有关单位对防汛防台抗旱应急预案进行了修编❶。

二、预案修编的主要任务

（一）深入一线，调研走访

聚焦县域防汛防台，尤其是山洪灾害防治的关键问题，组建由应急、水利、气象、住建、自然资源等领域专家，通过座谈、走访、现场勘查等方式开展调研，对有关调研成果进行分类整理、系统分析，精准识别风险、短板，形成问题清单，明确预案修编的需求与要点。

（二）因地制宜，完善预案

通过对淳安县、乡、村三级现有防汛防台应急预案及各类专项预案进行系统梳理，重点从组织责任体系、应急响应条件及行动、应急处置机制、信息报送与发布、应急物资调度与配置、应急救援、社会联动机制等方面进一步完善县级防汛防台应急预案，编制有针

---

❶ 淳安县人民政府办公室关于印发淳安县防汛防台抗旱应急预案（2023 年修订）的通知：http://www.qdh.gov.cn/art/2023/12/8/art_1229266645_1839517.html.

对性、可操作的乡级防汛防台应急预案,及简明扼要、便于操作的"图、文、表"化村级防汛防台应急预案。

(三)宣贯培训,压实责任

组织全县 23 个乡镇基层一线防汛责任人全覆盖培训,确保做到"四讲一会",即能够讲清责任体系、讲清自身职责任务、讲清方案预案关键要素、讲清灾情险情,会操作使用应急通信、照明、救援等装备设备,推广使用个人安全防护装备,全面提升基层防汛防台工作水平和能力。

(四)高效精准,AI 叫应

借助语音通信手段和人工智能 AI 技术,探索高效预警叫应方法,开发智能语音叫应模块,将县、乡、村各级防汛责任人、危险区受影响人员信息及指定播报内容话术录入模块内,实现紧急情况下,对各级党政主要领导、防汛责任人即时智能 AI 电话叫应,缩短上下信息传递时间差。

三、预案亮点

(一)预案体系系统性强

一是县级预案新增预警叫应和响应联动,按照"谁预警、谁叫应"的原则,第一时间向乡镇、部门和行政村相关负责人实施"叫应",预警叫应更精准。二是乡镇级预案细化了不同气象预警信息对应的应急响应等级,明确了短临极端天气灾害人员梯次转移安置方案,人员转移更有序。三是村级预案新增启动应急响应后,村级应急响应措施更明确,责任落实更到位。四是新增网格预案,明确网格责任人和危险区划分,风险管控更全面。五是新增自然灾害防御明白卡,从户级出发、图文并茂、简洁易懂,群众防范意识更强。这种分级预案能够保证应急响应的适应性,使预案的覆盖范围更加全面,针对性更强,每个层级防汛工作都能有效落地。

(二)预案体系整体性强

一是改变以往预案"上下一般粗"问题。预案体系按照"实用、管用、好用"要求编制,编制贴合实际的不同层级的应急预案,不同层级对应重点不同,避免千篇一律,形成多层次、全方位、立体式的应急预案架构。二是解决以往"预案孤岛"问题。建立健全不同层级间协调机制,实现上下级预案衔接顺畅,本级各预案左右协同,同类专项预案横向学习。当突发事件发生时,各层级预案会相互调用,并形成协同作战机制,以提高应对突发事件的综合能力。这种协同联动机制保证了预案之间的连贯性和完整性。

(三)预案体系操作性强

一是以数字演练检验预案可行性。借助"浙里练"基层应急演练数字化应用,通过"寓教于演"的桌面推演形式,形成"培训-演练-实操"三位一体,重点梳理各级防指防汛救灾职责和指挥调度流程,全流程、全要素、全方位展示突发应急事件组织、指挥、调度、救援全过程,实现检验预案、完善准备、锻炼队伍、磨合机制的目的。二是以培训宣贯落实预案执行力。积极开展应急预案的培训解读,提高乡镇领导干部统筹指挥能力,确保指挥体系高效有序运转。加强各类基层一线防汛责任人的培训,做到"四讲一会",全面提升防汛责任人的履职能力、应急处置能力和技术水平。

第七章 山洪灾害防御预演

山洪灾害防御预演是指在数字化场景中，基于预设的暴雨情景和桥涵闸坝阻水壅水或溃决等极端不利情景，利用专业模型分析计算山洪过程、影响范围及程度，生成风险清单，并在数字化场景中进行仿真和直观展示，及时发现问题，迭代优化方案，制定防风险措施，为灾害防御决策提供支撑。通过山洪灾害防御预演可以最大程度地为山洪灾害防御提供技术支撑，为预警提供精确指标，为防洪预案提供可靠依据，减少山洪灾害带来的生命和财产损失，对于维护社会稳定和经济发展具有重要意义。本章介绍了山洪灾害防御预演概况，分析了预演原理，阐述了预演平台建设的主要内容，提出了预演平台的完善方向。

第一节 预演概况

一、预演背景

2010年以来，通过全国山洪灾害防治项目，各地建设了适合我国国情、专群结合的山洪灾害监测预警体系和群测群防体系，从而完成了山洪灾害防御体系的重大突破，很好地发挥了山洪灾害减灾效益。对标新时期我国山洪灾害防治目标任务，为进一步提升我国山洪灾害防御水平，需在已建省级山洪灾害监测预报预警平台基础上，以小流域为单元构建数字孪生流域，继续提升山洪灾害预演能力，延长山洪预见期和提高预警精准度，不断提高山洪灾害防御水平。水利部部长李国英指出，在洪水预演方面，要实现多要素的洪水预测预报并实时动态修正，对洪水模拟过程实现自动演算、自动校正、人机交互校正，并对水库、河道、蓄滞洪区蓄泄情况进行模拟仿真，为排水区排涝标准的控制和工程调度提供科学决策支持。

向数字化、智能化迭代升级是山洪灾害预演发展到新阶段的必由之路。数字山洪预演在已有算据、算法、算力基础上，充分运用数字化技术、思维和认知，以国家级、省级监测预警平台为载体，以科学识别研判风险隐患、提高预警精准度、延长预见期、快速准确指导人员避险为目标，以小流域为单元，以山洪灾害下垫面和时空大数据为基础构建数据底板，以数字化场景、智慧化模拟、靶向化预警、精准化防控为路径，力求在多源降水数据融合、超大规模小流域洪水并行计算、实时和预设情景下风险评估、基于位置的流动人员靶向预警等方面取得突破，实现山洪灾害预演功能（吴泽斌，2022）。

二、重要作用

通过仿真模拟进行山洪防御预演，直观展现出山洪灾害的形成过程和地区淹没过程，具有以下重要作用：

一是防患于未然。通过预演可以提前了解并掌握不同情景下山洪演变过程、可能存在的不确定性及山洪影响范围程度、可能受灾的居民或村落情况，熟悉山洪防御应急反应流程，以便在真正的灾害发生时能够迅速、准确地应对，从而提前进行人员转移避险。

二是提供高精度数据支撑。通过预演可以进一步提高山洪灾害预警的精准度，延长预见期，扩大预警覆盖面，为不同时段天气预报预警、短临暴雨预报预警、实时动态预警提供数据支撑。在此基础上，校核山洪灾害风险预警指标和山洪灾害实时动态预警指标，将相关成果集成应用，为山洪灾害多阶段动态预警提供科学决策支持。

三是强化相关部门应急敏感性和应对能力。通过预演可以让有关部门熟悉山洪防御的应急反应流程，提高各部门的组织能力、应急处置能力和决策能力，以便在真正的灾害发生时能够迅速、准确地应对。

四是评估灾害损失。对洪水演进结果进行风险统计分析，通过叠加社会经济信息，利用 GIS 数据分析处理技术，对洪水预演过程中流域内受影响的水利工程、人口、经济、道路交通等指标因素进行统计，对受灾情况进行统计和评估（周洁，2022）。

总之，山洪灾害防御预演不仅能为山洪灾害防御提供支撑，为预警提供精确指标，为防洪预案提供可靠依据，还能为区域防洪抢险工作提供主动、超前的信息，大幅提高洪水的预见期，从而减少人员和财产损失。

第二节　预演原理分析

一、基于模型的山洪灾害防御预演发展史

1. 水文模型在山洪灾害防御预演中的应用历程

早期的学者通过模型来预测水文信息，尝试使用数学方法来描述和预测水文过程。早期的水文模型主要是基于经验和观察，通过简单的数学公式来描述水文变量之间的关系。随着技术的发展，水文模型逐渐从简单的经验模型发展成为复杂的物理模型。这些物理模型基于水文学的基本原理，通过建立数学方程来模拟水文过程的演化，对山洪灾害进行简单性预演，通过预演得出的数据来对山洪灾害进行防治。早期和近代的流域水文模型在预演方面关注点相对狭窄，主要集中在水量平衡和流域调蓄这两点上，并对流域的断面进行量化分析和仿真预演。此阶段的模型设定了较多的物理参数，并且将较多影响因素纳入考虑范围之内，所以当模型被运用到实际中时，模型中的参数需要不断调节。加之不同流域具有各自的特征且难以复制，模型在实际应用的效果不理想。

2. 水动力学模型在山洪灾害防御预演中的应用历程

在计算机全面普及的前期，一维水流的计算在河道洪水演进计算中发挥了重要作用。随着计算能力的提升，二维水动力学计算逐渐进入研究者们的视野，并且将一维和二维结合的研究人员也越来越多，水动力学模型可以为早期山洪灾害防御预演提供较大的帮助。

目前，通过不断的研究，水动力学模型已经取得了丰硕的成果。在软件研发方面，国外已有多款主流软件，如美国陆军工程师兵团开发的 HEC - RAS 和 TABS RMA2 系列、XP 软件公司的 XP - SWMM/XPSWMM 2D/XPStorm2D、DHI Water and Environment 研发的 MIKE 系列软件等，在实际应用中表现优异，为山洪灾害防御预演提供了强大的

支持。中国水利水电科学研究院研发的洪水风险图绘制系统 FMAP（潘崇伦，2023）、黄河水利科学研究院开发的黄河数学模拟系统 YRNMS（余欣，2016）以及珠江水利科学研究院研究的洪水风险模拟分析软件 HydroMPM _ FloodRisk 等不仅计算高效、稳定，而且适合国内相关领域人员使用，为我国山洪防御预演提供了有力支撑。总体而言，水动力学模型在国内外学者的共同努力下，已经取得了长足的进步。未来，随着研究的深入和技术的不断创新，水动力学模型将进一步发展，为山洪灾害预演提供更加精准和有效的工具。

3. 水文水动力耦合模型在山洪灾害防御预演中的应用历程

伴随着极端天气事件的发生，暴雨山洪灾害在全球越发频繁，为降低暴雨山洪灾害的风险，越来越多的学者利用水文水动力耦合的方法进行暴雨洪水过程分析，对于山区小流域的山洪灾害预演具有指导性意义。罗海婉等（罗海婉，2019）在广州市东濠涌流域以 SWMM 模型与自主研发的二维模型为基础构建了洪涝水文水动力耦合模型，模型演进效果良好、运行稳定可靠。余富强等（余富强，2019）在泉州市梅溪流域探究水文水动力耦合模型应用的可行性，结果表明耦合模型淹没结果与淹没水深实际情况吻合，并能为洪水演进提供淹没水深图和洪水到达时间图，为该区域洪涝灾害防治提供了可靠参考。Li 等（LI，2019）利用 Topmodel 模型和一维/二维水动力模型 MIKE FLOOD 进行耦合，在南山区盆地湛江流域进行了测试，结果表明耦合的水文和水动力模型是符合精度要求的，可以用于实际山洪防御预演。综上，水文水动力耦合模型的研究与发展已经普遍应用于山洪灾害防御预演，未来会更多地应用在山洪灾害防治当中。

山洪灾害防御预演一直是我国重点关注的问题。全球早期通过各类模型对山洪灾害进行预演，积累了大量预演模拟经验。在全球气候变化加剧、极端暴雨事件明显增多的情形下，我国山洪灾害发生了新的变化，体现出新的特点，但是传统山洪灾害防御预演方法并不能即时预见极端暴雨洪水情况。随着计算机神经网络技术和数值计算技术的发展，山洪数字预演作为一种新的技术思路登上了山洪防治的舞台。

二、数字山洪灾害防御预演原理分析

数字山洪灾害防御预演主要是以物理流域、水网和水利工程为单元、时空数据为底座、数学模型为核心、水利知识为驱动，对物理流域、水网和水利工程全要素以及水利管理活动全过程进行数字映射、智能模拟和前瞻预演，与物理流域、水网和水利工程同步仿真运行、虚实交互和迭代优化，实现对物理流域、水网和水利工程的实时监控、发现问题和优化调度的一种数字孪生技术。

以数字孪生流域为核心，开展数字孪生洪水灾害防御预演模拟应用，梳理数字孪生流域建设与模拟流程，对关键技术、孪生场景进行分析与运用。基于数据底板实现对流域的真实场景搭建，利用可视化引擎、云渲染等技术实现对场景的交互模拟，利用水文和宽浅河道演进等模型为洪水演进提供精准模拟数据，利用流域态势和"四预"功能模块实现对当前流域形势、防御重点、转移预案的可视化应用呈现。通过采用虚拟孪生流域实现对物理流域的真实映射，对山区洪水防御进行精确模拟与快速决策，真正实现灾前模拟、高效撤离、精准防御。数字山洪灾害防御预演依靠的技术主要有模型平台和知识平台（张雯，2024）。

(一)模型平台

在传统洪水模型的基础上，重点构建数字洪水演进模型，无缝融合图像智能识别模型、深度学习算法及一/二维水动力模型，通过图像智能识别模型，解析遥感及无人机影像中水面、河道、围堤、桥梁等阻水建筑物的位置和范围变化，以及水面信息，自动更新一/二维水动力模型的建模信息，同时融合控制站监测信息与解译后的水面信息实时校正模拟成果，准确预报洪水演进过程，耦合基于深度学习算法的一/二维水动力学模型，解决传统水动力模型计算速度慢、消耗资源大等问题。主要的模型平台包括以下几种（吴泽斌，2022）。

1. 山洪模拟模型

考虑气象、水文、地形等因素，划分不同的山洪分区，研究不同分区山洪形成与致灾机理。在不同的山洪分区构建不同的山洪模拟模型，动态确定山洪模拟模型的有关参数，以适应不同分区山洪过程的模拟方式。山洪模拟模型包括水文模型、水动力模型、水沙模型等或各类模型的耦合模型。构建小流域洪水演进分析数字化场景，实现洪水时空演进过程直观化展示。

2. 风险评估模型

建立考虑下游洪水顶托、桥梁壅水、水沙淤积、塘坝蓄滞堵溃、雨峰移动方向等情景库，聚焦于实时评估承灾体风险等级和精细刻画风险链迁移过程，研发"水文-水动力-风险"时序过程推演的山洪风险评估模型，基于网格化模拟技术实现中小河流洪水实时和预设情景风险的精细化分析与评估，提高风险时空展布精细度。

3. 可视化与仿真模型

可视化模型主要是实现自然背景、流域属性、流场动态、水利工程的过程，可以实现业务运行环境的快速搭建。解决 10 万量级雨量站、10min 间隔海量数据高分辨率全国范围降雨空间分布无损成图与多比例尺快速实时渲染成图，以及全国（或省级）尺度的暴雨山洪事件的快速空间发现和山洪风险的快速识别等难题。其中，自然背景包括河道、沟道、湖泊、植被、建筑、道路、危险区、防治区、村庄、乡镇等；流域属性包括小流域的特征参数、产汇流特性等；流场动态包括水位、流量及土石、泥沙运动等；水利工程主要包括水库、水闸、堤防等。仿真模型是充分利用数字山洪数据底板和动态数据实现山丘区数字孪生小流域与物理流域同步仿真，构建实时渲染、动态视觉特效、空间计算等功能。

(二)知识平台

构建预报调度方案防汛及防洪专题知识库，具体包括调度方案库、专家经验库等。通过对历史典型洪水预报和水资源调度预案的信息自动化、文本化、知识化处理，存储特定场景下的调度方案相关知识，并结合 AI 算法，形成专家经验主导下的融合元认知，实现经验的有效复用和持续积累。

三、数字山洪灾害防御预演步骤

1. 构建预演场景

构建预演场景首先根据保护对象及防护标准，确定要纳入调度场景的水文测站，以及水库、堤防、闸坝、蓄滞洪区等防洪工程作为预演节点，每个预演节点都应具有边界条件，包括洪水预报的边界条件，以及河道、堤防、水库、蓄滞洪区等防洪控制节点的控制运用指标。

2. 模拟仿真

模拟仿真指基于数据底板的信息进行模拟计算和仿真可视化。数据底板不仅包括基础和地理空间信息，还包括调度目标和节点相关的气象水文、经济社会、堤防水库蓄滞洪区等工程资料（水利部，2012）；模拟计算主要是基于数据底板和预演场景的调度目标、节点、边界条件等，对洪水过程进行模拟计算，正向前瞻性预演出工情险情灾情，逆向可推演水利工程运用的安全水位、调度过程等，通过预演发现问题、评估风险，实现工程调度的迭代优化；仿真可视化是利用模拟仿真引擎和可视化模型，对预报预演的洪水发展变化和水利工程调度运用过程进行可视化、动态展示，通过全时空、轻量化的方式实现数字孪生流域模拟过程和流域物理过程高保真。

3. 制定和优化调度方案

这是预演的目的，即在问题发现、风险评估、迭代优化的基础上，考虑防洪工程最新的运行工况、经济社会情况等，确定最佳方案，及时采取防风险措施。确定调度方案首先要借鉴历史调度案例，其次要充分考虑专家经验，统筹协调上下游、左右岸、干支流的关系，发挥防洪体系整体效益。山洪预演要点在于正向、逆向预演和轻量化展示。基于数字孪生流域，正向预演是通过输入条件的变化，预演出不同的结果，提前发现风险或问题；逆向预演是指在给定安全边界的条件下，推演出可以进行工程调度的边界条件；轻量化展示是数字山洪预演的关键，可以为会商决策提供直观的比选依据，确保调度方案安全、合理、可行（胡健伟，2022）。

第三节 预演平台建设

一、数字预演平台场景构建

数字预演平台需要以研究区域电子地图原始数据、卫星高程影像及地理空间数据为基础，构建立体数字预演平台。在数字预演平台中，利用实时监测数据驱动水利模型进行预测预报，利用预测预报结果驱动水力学模型进行数值模拟，利用数值模拟结果进行数字预演三维可视化。

1. 三维可视化模型分类

三维场景可视化基于信息基础设施，利用三维仿真技术，对研究区域水利工程、水利管理对象、影响区域等物理流域进行数字映射，利用 GIS 等基础功能构建研究区域的数字预演大平台，为山洪数字预演提供了可视化底座。以水文模型为基础预报控制断面洪水过程，耦合水文预报和水力学模型结果，仿真模拟展现数字流场、河道洪水演进及蓄滞洪区洪水淹没等洪水过程，实现对预报洪水、历史典型洪水进行模拟计算和动态仿真，需要借助数字预演平台进行三维仿真。其中，应用的主要三维可视化模型有以下几类：

（1）实景模型。实景建模一般通过卫星遥感、倾斜摄影、水下探测等途径，建立流域大尺度三维影像模型（吴奇锋，2021）。通过卫星遥感技术，可快速获取流域整体地貌，直观展现流域内水系分布、水工构筑物、沿岸地貌等信息；倾斜摄影摆脱了传统单一正射影像的桎梏，通过在同一飞行平台上搭载多台传感器，多角度采集影像，对后期建模精度和完整度有很大改善（王静宇，2017），适用于流域内大江大河及沿岸局部小尺度影像效果改善；多波束水下探测技术可以获得高密度水下测点（冯传勇，2021），再结合 GIS 技术分析、处理，形成高清晰度的水下影像，有助于及时了解河床、河槽纳蓄能力变化，初步实现水下可视化（赵杏英，2021）。

（2）BIM 模型。BIM 技术是工程数字化建设的重要手段，通过精细化建模和三维渲染，提供模型属性查询、尺寸量测、切割、叠加分析等工具，可有效评估工程量，跟进建设进度，校审建设质量（吴世勇，2018），方便灾害应急模拟、洪水演进等相关业务的开展。

（3）数值模型。数值模拟可提前掌握洪水规模，预判防汛形势，传统技术条件下，通常以二维形式展示水利工程、河道、区域等防汛保护对象的水文和水利计算成果，缺乏空间视角（李敬文，2019），与现实情况存在差距。利用三维渲染技术，能更为直观地展示数值模拟结果，通过叠加实景和 BIM 模型，可清晰地查看水库堤防的漫溢风险、区域洪水淹没情况、单体建筑的淹没水深等，同时结合时间序列，实现洪水的动态演进展示。

2. 三维可视化场景构建

基于三维可视化技术及适用特点，融合构建以下数字化预演应用场景：

（1）孪生一张图。升级水利一张图，在二维 GIS 基础上，通过引入卫星遥感、倾斜摄影、BIM 等实景和仿真数据（梁启斌，2022），构建三维水利数据底板。同时，收集流域内河道、湖泊、水库、闸泵等涉水对象的地理信息数据，接入配套物联感知设备，形成水利孪生一张图，与现实流域联动更新，供业务场景统一取用。

（2）洪水演进。接入孪生一张图，基于预报降雨、上游来水等边界数据，模拟流域内干流重要断面水位、流量过程。利用三维虚拟仿真技术，将数值模拟结果渲染成立体水面，叠加时间维度，实现立体水面随时间演进的动态效果，分析干流堤防漫堤、沿线工程度汛等风险，为汛期工程调度提供决策支持（水利部，2022）。

（3）风险分析。接入孪生一张图，收集流域内洪水预报、设计、历史典型等数据，耦合河道及二维保护区，构建洪水风险分析模型。利用虚拟仿真技术渲染形成三维动态洪水风险图，模拟洪峰流量、到达时间、淹没历时等风险要素，分析研判流域内工程、城镇、村落、道路交通等防洪重点保护对象的洪水风险。

（4）避险转移。接入孪生一张图，提取防汛应急预案中相关部署信息，包括应急队伍、专家、物资、路线等分布数据，形成面向不同水利设施的专项避险转移专题图，通过三维可视化展示，清晰直观地展现流域内抢险物资的分布情况，各保护区及转移安置点间的对应关系、计划转移路线等信息。

二、平台建设原则

（1）实用性。满足管理的业务功能需求，并能够产生积极的效果。

（2）先进性。采用具有一定前瞻性的技术，顺应该领域技术发展的主流方向。

（3）整体性。注重整体规划，保证系统各环节指标的协调一致。

（4）经济性。追求最佳性价比，并对已建、在建和后续建设的信息化系统进行充分整合，避免重复建设。

（5）可扩展性。保障在系统生命周期内能够与主流技术相兼容，系统功能可扩充，并能够在不同规模、不同档次平台上运行。

（6）规范性。遵循现行国家标准和行业标准，防止系统集成和互联的困难。

三、平台总体架构

根据水动力模型集成服务平台的建设目标和任务，针对应用软件系统体系结构的选择原则，本书设计预演平台整体的架构体系是 B/S 架构的经典三层架构外加数据库储存层和浏览器用户层。平台总体架构图如图 7-1 所示。

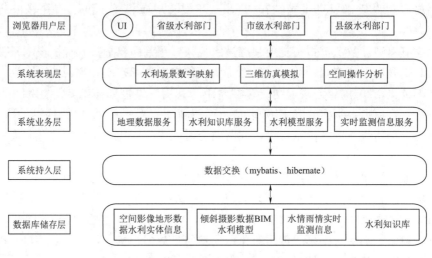

图 7-1　平台总体架构图

1. 浏览器用户层

浏览器用户层主要是省、市、县三级水利部门的应用终端，直观地为业务人员提供数字预演平台服务。

2. 系统表现层

系统表现层也就是 Web 端，主要负责传递用户客户端请求，依据 http 或者 https 协议返回请求信息，再利用 Web 表现层进行请求结果的直观展示。

3. 系统业务层

系统业务层主要是 Service 层，主要为表现层提供基础地理信息服务、水利知识服务、水利模型服务和实时监测信息服务，依赖于系统的数据层和持久层，服务于系统表现层。

4. 系统持久层

系统持久层主要是衔接数据储存层的，主要处理前端请求数据到数据库的储存和交换，负责数据的持久化。

5. 数据储存层

数据储存层主要是数据库对影像数据、水利实体信息、倾斜摄影数据、BIM 水力模型、实时监测数据、水利知识库的储存，主要存储的资料和数据包括涉水工程及调度资料、社会经济资料、二三维基础地理信息数据、水雨情信息数据、水文及洪水资料等。

四、平台功能

预演平台功能由情景设定、影响分析、三维仿真、可视化展示与推演会商四部分构成。预演平台综合展示预演方案的降水、重要断面的流量与水位预测过程、调度方案等，三维场景呈现包括产汇流过程、河道演进、工程操作过程、部门调度过程、工程安全情况、二维水动力演进过程等各类防汛调度相关信息（付超，2024）。

1. 情景设定

山洪预演应以小流域内城镇、重要集镇、重要基础设施（生命线工程、变电站、医院、学校、养老院、核设施等）为对象，设定典型降雨过程、不同频率极端降雨或未来降雨预报信息，以及多条沟道汇流、主流顶托、跨河路堤/桥涵阻水或溃决、沟道束窄等工况，用于考虑山洪灾害复合放大效应和不确定性影响。

2. 影响分析

在设定的不同情景下，调用水文水动力模型计算，进行山洪过程模拟和影响范围与程度分析。软件系统能展示或查看暴雨过程和不同河段的洪水过程，以及城镇、重要集镇、重要基础设施（生命线工程、变电站、医院、学校、养老院、核设施等）的淹没过程动画、淹没范围图、淹没深度图，根据危险区清单、人口分布等信息，有条件的地区可接入实时移动热力图数据，分析确定淹没区域内不同水深范围的风险点列表和人员分布等，制定人员转移和抢险救援方案。

3. 三维仿真

实现三维可视化模型与真实数据的映射，利用仿真技术将洪水演进过程和影响利用可视化模型模拟展示出来。主要包括以下六个方面的功能：

（1）场景制作。基于三维引擎创建地形，加载可视化模型，实现模型与场景环境融合。

（2）数据操纵。将空间实体和属性一一对应，建立三维数据仿真库，同时提供相应数学模型，为建模提供各类地理参数。

（3）可视化映射。将过滤以后的数据加载在模型上，形成可视化对象模型，模型以信息链的形式表示，存放在仿真数据库中，再以仿真数据库为基础进行仿真，实现模拟运算。

（4）加载发布。将可视化模型发布为可显示的图像，利用仿真引擎的动画和图形技术，实现仿真过程的可视化表达。

（5）与物联网监测数据联动。实现与物联网平台通信，加载各类物联网监测数据并在三维场景中展示。

（6）情景预演。根据预设的情景，在三维场景中使用模型模拟山洪灾害演进过程，与降雨和流量等信息进行对应，实现洪水淹没场景的三维可视化展示。

4. 可视化展示与推演会商

基于可视化模型，应能将设定的情景和影响分析结果进行三维可视化展示，并根据影响分析结果动态调整设定的情景，开展推演会商，得到不同情景下的风险点和可能受影响人员情况。

可加载通用的三维模型文件，以及利用卫星遥感影像、无人机影像、倾斜摄影和高精度DEM数据构建山洪灾害防御重点区域的可视化数字场景，制作具有定位、标绘、分析及浏览查询等功能的可视化三维模型，实现山洪演进过程的可视化展示。

基于可能情景，推演会商可采取的预警手段、转移避险组织方式、应急救援对策等，辅助山洪灾害防御决策。

五、预演方式

预演方式分为全域预演、重点小流域治理单元预演和建有 L2 级地理空间数据的小流域预演。

1. 全域预演

应依据历史典型场次降雨、未来预报降雨或实测降雨、不同频率设计暴雨等情景，通过分布式水文模型（或当地经验模型）分析计算，得到每条山洪沟道的洪水过程，并与山洪沟道设计洪水比较，确定每条山洪沟道的洪水频率，按重现期为 2～5 年、5～20 年、20～50 年和大于 50 年进行分级，得到每条山洪沟道及其关联村庄的山洪风险等级，实现大范围山洪风险研判。

2. 重点小流域治理单元预演

对于有重要城镇和规模较大沿河村落的重点小流域防治单元，应能根据历史典型场次降雨、未来预报降雨或实测降雨、不同频率设计暴雨等情景，利用简化洪水淹没范围与水深分析模型，分析不同暴雨情景下的淹没范围，明确转移对象。

3. 建有 L2 级地理空间数据的小流域预演

对于建有 L2 级地理空间数据的小流域，应能设定典型降雨情景（可能最大降雨、不同重现期降雨、典型历史场次降雨、未来预报降雨或实测降雨等）、风险隐患情景（跨沟路基、桥涵、闸坝等的阻水或溃决等），利用水动力学模型计算得到精细的洪水淹没范围与淹没水深，并在数字化场景模型的支持下，仿真展示洪水演进过程和对重要防护对象（如桥梁、学校、医院、政府机关等）的影响。结合危险区清单（有条件的地区可接入实时人口热力图数据）分析确定淹没区域内风险点列表和人员分布等。

第四节　预演平台存在的问题及完善方向

一、预演平台存在的问题

数字预演平台建设在近年来取得了一定成果，但分析总结已建项目，仍存在诸多问题需要解决。

（1）底板数据更新不及时、数据共享难度大。数据底板是预演平台系统的基础，大部分地区已建有二维数据底板，但在三维底板建设和可视化应用场景构建方面相对欠缺。目前还存在数据更新不及时、数据共享难度大等问题。

（2）信息化基础设施较差。目前预演平台高性能算力不足，监测感知设备布局不完善，存在恶劣环境下设备无信号等情况。

（3）模型平台性能较低。目前水利专业模型精度不高，通用化水平低，比较依赖国外厂商，建议融合机器学习技术和知识图谱提升专业模型精准度。

（4）水利业务与信息缺乏有效结合。水利知识缺乏对业务的驱动，单一水利工程或流域所涉及知识业务体量不足，无法支撑模型进行机器学习。

总之，数字预演平台存在数据鲜活度不高、系统功能不完善、业务应用不全面等问题

（刘昌军，2023），且大部分应用仅将三维建模技术笼统地称为数字孪生，缺少对预演模型与知识平台的深层次挖掘。

二、预演平台的完善建议

（1）开展山洪物理流域的精细化数据获取及数字流域构建。从管理机制、技术标准、技术研发等方面共同推动数据汇聚共享，跨行业共享还需要国家层面机制建设。高精度数据底板的传输共享效率还需优化。所以要开展山洪物理流域的精细化数据获取及数字流域构建，以满足新阶段水利数字孪生流域建设的需求。

（2）推进人工智能技术应用。通过集成人工智能、大数据分析技术提高预演平台算力，借助大数据处理工具在很短的时间内就能完成海量数据的处理，缩短数据分析的时间，提高数据分析的精确度。

（3）突破关键专业模型底层算法，研发面向机理模型和智能模型耦合的通用服务平台。研发新一代具有自主产权的模型平台，完善现有流域降雨产流、流域汇流、洪水演进、河口演变、地下水运动、水质扩散、土壤侵蚀等模型系统，提高预演模型计算精度和运行效率。

（4）提升与国内涉水相关行业信息的挖掘利用。要进一步健全气象、地灾、人口分布、生产力布局等信息的共享机制，实现行业外数据与水利信息的有效整合利用，为打造数字预演平台建立完善的数据基础。

总之，要真正为业务提供有效支撑，需要在现有水平上出现跃升，包括技术路线、应用场景，甚至是范畴，都需要不断探索、尝试、挖掘，逐步锤炼，最终形成以知识驱动业务、知识驱动决策的应用模式（耿振云，2024）。

第八章 山洪灾害防治的智慧化技术

　　智慧是指生物所具有的基于神经器官产生的一种自身调节和对外界反馈的高级综合能力，包含感知、辨别、计算、分析、判断等多种能力。迈入 21 世纪以来，我国信息化技术力量不断提升，云计算、大数据、物联网、移动终端、人工智能、传感器等新兴技术逐渐应用于各个领域，尤其是为水利行业的发展指明了前进方向并提出了新的要求。《中共中央关于制定国民经济和社会发展第十四个五年规划和二〇三五年远景目标的建议》明确提出"构建智慧水利系统，以流域为单位提升水情测报和智能调度能力"。2021 年国务院印发了《"十四五"新型基础设施建设规划》，明确提出"要推动大江大河大湖数字孪生、智慧化模拟和智能业务应用建设"。智慧水利是水利高质量发展的显著标志，也是水利行业迈向水利现代化的重要组成部分。智慧水利基于自然水系、水利工程体系和水利管理体系，通过运用先进成熟的大数据、人工智能、物联网、云计算、移动互联等新一代信息通信技术，实现信息化、智能化等高新科技与传统水利的融合，智慧地将适量适质的水适时送到适地，实现水利工作的智慧化管理（蒋云钟，2020）。智慧水利从理论研究走向实际应用，是水利信息化的升级、发展和转型（张建云，2019）。当前，水利部高度重视智慧水利建设，将推进智慧水利建设作为推动新阶段水利高质量发展的最显著标志和六条实施路径之一，相继印发了《关于大力推进智慧水利建设的指导意见》《智慧水利建设顶层设计》《"十四五"智慧水利建设规划》《"十四五"期间推进智慧水利建设实施方案》等文件，提出"要加快构建具有'四预'（预报、预警、预演、预案）功能的智慧水利体系"。通过开展数字孪生流域、"2＋N"水利智能业务应用体系、水利网络安全体系以及智慧水利保障体系等建设，逐步推动我国水利发展的数字化、网络化、智能化（李宗礼，2020）。作为智慧水利的重要组成部分，智慧山洪防治对防御山洪灾害、减轻灾害损失具有重要的意义。

　　本章主要介绍智慧山洪防治的概念、基本框架和重要组成部分，梳理了智慧山洪防治的发展历程，并分析了浙江省智慧山洪防治的经典案例。

第一节 智慧山洪防治的概念

一、智慧山洪防治的定义

　　浙江省特殊的地形条件、人口空间分布和降雨时空不均等因素导致山洪灾害风险长期存在，如何精准识别排查山洪风险隐患，针对可能发生的山洪灾害及早发出精准预报预警，为基层防汛责任人提前组织人员转移提供专业技术支撑，推动山洪灾害监测预警体系提档升级，是当前山洪防治工作面临的新挑战。因此，山洪防治的数字化、智能化迭代升级是新阶段山洪灾害防治的必由之路。

"智慧水利"是指引入新兴的信息化技术，并通过安装物联网设备以及数据分析、传感等设施，与网络系统、GIS、数据系统、虚拟系统、智能系统等相融合，能够对水利相关的各个方面进行实时感知、数据收集、数据分析、数据处理、数据存储、决策制定、反馈沟通、智能控制、信息共享等，从而构建水利信息体系。"智慧水利"可应用于防汛抗旱、水资源调度管理、水质监测、水土保持、水电管理等方面，智慧山洪防治即其中之一。

智慧山洪防治，主要是指数字化技术在山洪防治"四预"中的应用，即山洪防治领域预报、预警、预演、预案等四个方面的应用。其中，数字孪生（digital twin）是山洪防治"四预"应用区别于传统水利信息化应用的主要技术手段之一，也被称为数字映射或数字镜像。数字孪生技术由美国密歇根大学教授 Michael Grieves 于 2003 年提出，即以数字化的方式描述物理实体，建立和真实世界 1∶1 的动态虚拟模型，通过虚拟模型对数据进行仿真、模拟与分析，从而实现监控、预测与控制实体的属性和行为等。在数字孪生流域技术框架中，物理流域和数字流域构建成了一对"孪生体"，物理流域是现实中的流域，而数字流域则是利用地理信息系统（GIS）、BIM、物联网、虚拟现实（VR）、大数据、算法模型、人工智能等技术构建起来的虚拟流域。

二、智慧山洪防治的功能

目前，智慧山洪防治主要通过构建数字孪生流域来建立流域物理空间实体在虚拟数字空间的动态映射，实现山洪灾害的全面感知、动态模拟、虚拟现实、增强现实等功能，重点解决"感、存、仿、知、行"五方面技术难题（刘家宏，2022）。

智慧山洪防治的功能主要包括：

（1）"感"——流域动态感知。通过"天—空—地—水""车—船—站—网"全方位立体监测技术体系，开发数据采集端边缘计算和智能感知技术，支持流域动态感知，实现小流域山洪全要素、多过程、跨尺度实时动态监测。

（2）"存"——数据融合存储。汇聚多来源涉水数据，构建水利数据模型和数据库，通过大数据分析算法与应用体系，打通水利多领域数据关联，提升数据价值和信息、知识服务能力，为智慧山洪防治平台建设提供数据处理技术支撑。

（3）"仿"——过程数字仿真。通过虚拟仿真技术与水利专业模型相结合，构建智慧山洪防治平台或系统，实现小流域山洪实时、动态、精细化模拟以及风险智能化评估等。

（4）"知"——业务智能决策。面向"2＋N"典型业务应用需求，开发智慧山洪防治决策系统，支持小流域山洪灾害"预报、预警、预演、预案"的精准化决策。

（5）"行"——设施安全运行。基于物联网技术，实现堤—库—渠—闸—泵—阀等水工程运行智能诊断、智能控制、智能处置等，确保安全运行。

第二节　智慧山洪防治的发展历程

欧美国家山洪灾害防治工作开展较早（JONSTHAN J，2017），我国虽起步较晚，但发展速度很快。2002 年，我国系统编制了《全国山洪灾害防治规划》，提出非工程措施和工程措施相结合的山洪灾害防治思路（孙东亚，2022），为山洪灾害防治奠定了基础。2010 年以来，山洪防治开始逐步与数字化技术相结合，成果颇丰，发挥了重大作用。我国智慧山洪防治主要经历了三个发展阶段。

一、县级平台为主体、分散部署全覆盖（2010—2015 年）

2010 年 8 月，甘肃舟曲发生特大山洪泥石流灾害，造成了重大的人员伤亡和财产损失。2010 年 10 月，《国务院关于加强中小河流治理和山洪地质灾害防治的若干意见》出台，进一步强调山洪灾害防治工作的重要性。2011 年 5 月，《全国中小河流治理和病险水库除险加固、山洪地质灾害防御和综合治理总体规划》明确了 2011—2015 年山洪灾害防治工作，还应包括监测系统、预警平台等数字化建设。水利部以县级为重点，摸清了山洪灾害风险底数，构建了各级山洪灾害监测预警平台。主要以实时监测预警为手段，形成了"雨水情监测→县级平台信息入库→预警判定→通过短信或预警广播向乡镇或村防汛责任人发布预警"的流程。通过监测和预警信息共享上报至市级、省级和国家级平台，实现了国家、省、市、县四级互联互通。该阶段的山洪灾害监测预警平台主要由水利专网、服务器、软件、数据库、GIS 平台、短信网关等组成，主要功能包括基础信息查询、水雨情信息查询、水雨情监视预警、应急响应及快报、值班管理和系统管理等。但是，以县级为重点构建的山洪灾害监测预警平台分散部署而导致的基层运行维护管理困难、预警指标不够精准、预警覆盖面不足等实际问题逐渐暴露出来。

这一时期是快速推进阶段，山洪灾害防治实现了数字化技术应用零的突破，防汛指挥系统向县级延伸，部分重点区域还将防汛的计算机网络与视频延伸到乡镇，填补了基层防汛指挥系统的空白，极大提升了基层山洪灾害防治的信息化水平。

二、平台集约化部署、多阶段梯次预警（2016—2021 年）

2016—2021 年是我国山洪防治数字化水平加快提升的重要阶段。2016 年 12 月，国务院印发《国家综合防灾减灾规划（2016—2020 年）》，提出要发挥科技创新的作用。2017 年 11 月，水利部印发《全国山洪灾害防治项目实时方案（2017—2020 年）》，强调完善山洪灾害监测预警体系。这一时期，采用大数据和云计算技术等手段，研发了国家山洪灾害监测预报预警平台，充分应用时空变源混合产流模型和中国山洪水文模型等小流域洪水预报技术，在全国范围内建立了 132 个预报预警分区和 5245 个分布式水文模型，建立了涵盖全国 53 万个小流域的区域化参数库，开发了时空双重离散的并行计算结构和优化调度算法，支撑了多尺度、多过程、超大规模洪水模拟计算，实现了 1 min 内全国范围不同气象水文条件的流域洪水实时连续模拟和预报预警（刘荣华，2016）。在国家山洪灾害监测预报预警平台基础上，水利部提出了"利用山洪灾害调查评价工作底图，一级部署、多级应用，实现动态预警，强化在线监管和社会化服务，建立多阶段梯次化预警体系"的思路。2020 年 9 月，水利部下发了《省级山洪灾害监测预报预警平台技术要求》，指导和规范省级山洪灾害监测预报预警平台建设。随后，省级山洪灾害监测预报预警平台通过省、市、县三级（重点地区延伸到乡镇）共建一个山洪灾害监测预报预警平台，三级用户共享一个数据库、共用一张地图和一个平台，实现集约化建设和管理。

这一时期是巩固发展阶段，省级平台集成应用山洪灾害调查评价成果、分布式水文模型、水文气象观测与预报数据等，构建了融合不同来源监测信息和不同预见期降水预报信息的多阶段、多方法预警体系，实现山洪灾害气象预警、雨量（水位）预警和预报预警的有机结合，进一步提高了山洪灾害预警的精准度，延长了预见期。

三、智慧化精准模拟、"四预"功能智能化（2022年以来）

2021年11月，水利部提出加快构建智慧水利体系。2022年4月水利部印发《2022年度山洪灾害防御能力提升项目建设工作要求的通知》，明确提出山洪灾害高风险小流域试点开展数字孪生小流域和山洪"四预"系统建设工作。

这一时期是提升转型阶段，国家大力推进智慧水利建设，山洪灾害防治的信息化、数字化、智慧化迭代升级成为发展的主要趋势，山洪灾害防御体系从"有"向"好"进行转变。充分利用互联网、物联网、大数据、人工智能等新技术手段，对山洪灾害风险识别、隐患排查、风险规避、监测预警、应急处置、提前避险等全过程进行系统分析与梳理。以国家级、省级山洪灾害监测预警平台为载体，基于山洪灾害下垫面和时空大数据构建的数据底板，构建数字化场景、智慧化模拟、靶向化预警以及精准化防控，重点研发并完善了山洪预演场景库、山洪模拟模型和风险评估模型等，逐步实现山洪灾害的"四预"（预报、预警、预演、预案）的智慧化功能，实现物理流域与数字流域之间的动态、实时信息互交的深度融合，并保持互交的精准性、同步性与及时性。

第三节　智慧山洪防治的框架与组成

从广义上讲，智慧山洪防治实现了高技术水利设备与现代化信息技术的有机融合。智慧山洪防治的技术支撑主要是大数据与人工智能，通过相关算法，实现认知、诊断、预测、决策等各项功能，完成山洪灾害预测及决策等任务。智慧山洪防治的框架主要包括数字孪生山洪小流域数据底板、智慧山洪防治模型与仿真、信息化基础设施等内容。

一、数字孪生山洪小流域数据底板

数字孪生山洪小流域数据底板本质上是一个集水文数据采集、传输、处理与存储于一体的信息化平台。通过整合多部门的数据，建立多源、多维的时空数据模型，以实现基础数据的集成、分析、统计与检索。通过搭建多级嵌套的时空数据底板，主要以地理空间数据为基础，形成山洪小流域覆盖全空间、全尺度、全业务的数据底板（黄喜峰，2023）。通过实时更新的数字孪生山洪小流域数据底板，对物理流域产生的不同类型、不同形态、不同来源的数据进行有序组织，为山洪防治提供翔实的基础底图。

数字孪生山洪小流域数据底板主要由山洪灾害基础数据库与数据引擎等构成。

1. 山洪灾害基础数据库

山洪灾害基础数据库主要由地理空间数据、小流域基础数据、实时监测数据、业务管理数据以及跨行业部门共享的数据等构成。

（1）地理空间数据。主要包括区域内高精度 DEM 数据、小流域高分辨率 DOM 数据、防治区实景三维数据、涉水工程（山塘、水库、水闸、桥梁、路涵等）具体位置信息、监测预警设施的点位信息等。

（2）小流域基础数据。主要包括历史山洪调查评价成果、山洪风险隐患调查数据、水旱灾害风险普查数据等。

（3）实时监测数据。主要包括山洪雨水情站点数据、水文监测站点数据、测雨雷达实时数据、工程安全检测数据及其他监测数据等。

（4）业务管理数据。主要包括预报调度、工程安全运行、生产运营、巡查管护、会商决策等业务数据，并根据业务需要同步更新。

（5）跨行业部门共享的数据。主要包括水文气象资料、山洪影响的人口和土地利用等社会经济数据、上级部门下达的调度指令等。

2. 数据引擎

数据引擎主要包括四个功能：数据汇集、数据治理、数据挖掘和数据服务。数据引擎利用机器学习、模式识别和空间分析等数字化技术对山洪灾害基础数据进行多维数据融合和分析，为平台业务提供数据服务与支撑。

（1）数据汇集。对山洪灾害基础数据进行收集、整理与分析，完成数据完整性和相关性检查。根据数据的类别，采用物理入库和虚拟入库等模式，实现数据共享汇集。

（2）数据治理。对汇集后的数据进行统一清洗和管理，提升数据的规范性、一致性和可用性，避免数据冗余和相互冲突。建立统一空间参考标准，确保各类数据时空一致（曾国雄，2022）。

（3）数据挖掘。运用机器学习、模式识别等方法从数据资源中提取小流域各关联要素关系，进行描述性、诊断性、预测性以及因果性分析等。挖掘小流域特征参数，集成融合小流域的山洪灾害调查评价成果、村镇调查评价成果、山洪风险隐患调查和水旱灾害风险普查等数据资源，为山洪防治提供数据支撑。

（4）数据服务。实现数据资源在业务平台内部各应用模块间的调用与同步，以及与外部系统的数据共建共享、互联互通。

二、智慧山洪防治模型与仿真

建模是智慧水利数字孪生的基础，也是智慧山洪防治的关键核心技术。在数字化场景的基础上，可通过集成耦合多维多时空尺度的山洪模拟模型、山洪预警模型、风险评估模型、可视化与仿真模型，构建支撑智慧山洪灾害防治"四预"功能的数字孪生模拟仿真平台（吴泽斌，2022）。

（1）山洪模拟模型。根据不同山洪分区的气象、水文、地形特点，构建不同的山洪模拟模型，动态确定山洪模拟模型的有关参数，以适应不同分区山洪过程的模拟。山洪模拟模型主要包括水文模型、水动力模型、水沙模型以及各类耦合模型等。通过构建小流域山洪演进分析数字化场景，可实现山洪时空演进过程的直观化展示。

（2）山洪预警模型。在现有山洪灾害实时动态预警指标分析的基础上，根据历史山洪灾害发生时相应的降雨量和土壤含水量动态变化，建立动态智能预警模型。通过山洪灾害调查评估成果，构建基于山洪灾害防御大数据的复杂要素关联，将雨量、水位、流量等预警指标与预警对象关联，实现精细化预警。

（3）风险评估模型。智慧山洪风险评估模型基于网格化模拟技术实现小流域山洪实时和预设情景风险的精细化分析与评估，提高风险时空展布精细度。构建下游洪水顶托、桥梁壅水、水沙淤积、塘坝蓄滞堵溃、雨峰移动方向等情景库，聚焦于实时评估承灾体风险等级和精细刻画风险链迁移过程，实现"水文—水动力—风险"时序全过程推演。

（4）可视化与仿真模型。可视化与仿真模型是充分利用数字山洪数据底板和动态数据实现山区数字孪生小流域与物理流域同步仿真，构建实时渲染、动态视觉特效、空间计算等功能。可以支撑山洪预报、预警、预演、预案等"四预"三维场景的直观展现，实现监控信息可视化、现实与虚拟环境可视化、工程安全可视化、模拟预报可视化等。可视化与仿真模型主要依托 VR、AR、MR 等技术，使用户与数字孪生流域的交互突破传统的屏幕呈现，实现了与物理实体的交互，使得数字化的流域在感官和操作体验上更接近现实的流域，有助于决策更加准确、更贴近现实。

三、信息化基础设施

物联网是融合无线传感与射频识别技术形成的新兴网络化技术，也是承载智慧山洪防治数据的重要工具，通过各类信息感知技术及设备，为数据底板提供全要素实时感知数据，实现物与物、物与人的泛在连接，完成对监控对象的智能化识别、感知与管控。根据水利部《数字孪生水利工程建设技术导则（试行）》的要求，智慧山洪防治的信息化基础设施主要包括监测感知装备、通信网络、工程自动化控制系统以及信息基础环境等。

（1）监测感知装备。通过卫星遥感、高清视频、无人机、无人船、地面机器人、水下机器人等新型监测装备，采用专业传感器采集、视频监控、巡视巡查等监测感知方式，为数据底板提供全要素、高精度实时感知数据。数据传输可使用有线通信或 5G、NB-IoT、微波、WiFi6 等无线通信方式，同时应加强北斗短报文、卫星通信等应急通信措施，保障极端情况下的信息报送和预警发布能力。比如山洪灾害声光电监测一体化预警装备等。

（2）通信网络。水雨情数据传输以 GSM/GPRS/CDMA 等无线传输方式为主，同时为保证山洪自动预警监测系统具备支持多种传输方式、多种物理接口的能力，加装北斗卫星通信模块接口。人工监测站点信息传输采用电话语音或短信等方式，用户通过互联网，或借助 VPN 通道等方式搭建信息网络，或借助无线网络，通过无线终端访问系统。

（3）工程自动化控制系统。可采用现地控制和远程控制，主要完成对工程闸门、泵站等水工程进行远程自动化控制，可通过数据外发、传感器检测、视觉识别、声纹监测等方式实现对被控制设备运转状态的实时监测。

（4）信息基础环境。信息基础环境是信息化设施运行的重要保障，可根据模型计算存储规模，配备与之相应的机房设施，包括空调、消防、门禁、环境监控等机房配套设施。结合算力需求，构建高效稳定的计算存储环境，根据数字孪生平台模型训练、山洪灾害过程推演等场景计算需求，配备必要的 AI 算力。同时，需要建设集方案预演、会商研判、应急指挥等一体的工程会商调度中心，通过大中小屏多屏联动，支持现地站、各部门视频会商接入，实现防洪调度、巡查管护、综合决策等多场景一体化展示。

第四节 智慧山洪防治案例

近年来，我国加大了山洪灾害防治力度，已初步建立了适合中国国情的专群结合的山洪灾害防御体系，形成了较为完善的山洪灾害防治技术体系，实现了从无到有的突破，发挥了显著的防灾减灾效益（丁留谦，2020）。目前，我国山洪灾害防御仍然存在覆盖面不全、预警精准度不高等问题，监测预报预警技术水平仍有待提升，运行维护保障度仍需加强。因此，山洪防治的智慧化技术是当前研究的热点。

一、浙里"九龙联动治水"综合应用平台

浙江省地处东南沿海，独特的地理气候环境让浙江水旱灾害多发。其中，山洪灾害影响范围涉及69个县，超过全省总县数的3/4。2003年，时任浙江省委书记的习近平同志提出："数字浙江是全面推进我省国民经济和社会信息化、以信息化带动工业化的基础性工程"，全面阐述了"数字浙江"的构想，浙江由此进入数字化建设的新赛道。习近平同志作出的一系列部署，鸣响了"数字浙江"的发令枪，指引浙江率先开启数字化发展的先行探索。20年来，浙江坚持一张蓝图绘到底，持续推动"数字浙江"建设发生历史性变革、取得标志性成果，浙江产业数字化水平已连续多年居全国第一。2020年，浙江省被列为水利部智慧水利先行先试试点单位，浙江聚焦"风险在哪里、何时会发生、怎样来管控"等关键问题，立足于打造精准化、全面化、高效化的小流域山洪预警防控体系，数字化锻造"山洪联防"利器，不断提升山洪防治的智慧化能力。

当前，浙江建有水文雨量站8354个，共享气象雨量站4045个，雨量站平均密度为$9km^2$/站。浙江在原有GPRS（通用分组无线服务技术）通道的基础上，增加了北斗卫星信号传输通道，消除天气、地形等因素对监测数据传输的不利影响，有力保障水文数据传输，为预警提供数据支撑。近年来，浙江省水利厅不断提升预报、预警、预演、预案能力，强化与气象部门合作，共享气象高精度数值预报成果，实现省、市、县三级水利气象部门联合预警全覆盖。浙江省在监测预警的基础上，集成了"浙水安全""浙水好喝""浙水节约""浙水美丽""浙水畅通""浙水清廉"六大应用，构建了"九龙联动治水"综合应用平台，是浙江水利系统数字化改革的标志性成果。

浙里"九龙联动治水"综合应用平台可进行山洪多时段、精细化预报预警，进一步延长了山洪灾害的预见期，基本实现了山洪灾害的"四预"（预报、预警、预演、预案）的智慧化功能。

2022年，浙江省基于浙里"九龙联动治水"综合应用平台迭代建设"浙水安全"应用，构建了水情雨情、流域防洪、山洪联防、水库纳蓄、会商中心等五大场景，助力水旱灾害防御工作。"浙水安全"利用数字应用全面汇集水利、气象、自然资源、应急管理等多部门相关数据，实现了流域数据互联互通、预报调度一体化。通过"浙水安全"应用驾驶舱，可一键查询全省4277座水库、9450条河流等基础数据和5.03亿条水利业务数据。以水雨情信息为例，"浙水安全"每5min实时采集、每15min动态报送，为山洪灾害防治形势分析提供了重要保障。

通过"浙水安全"的建设，数字化改革为水利部门的山洪灾害防御工作带来了以下四个重要转变。

（1）水雨情感知预报能力显著提升。初步构建了"村村有雨量、镇镇有水位"的自动监测网，实现水雨情态势一屏掌控、一屏研判，洪水关键期预报精度达到优秀级，打通了新安江上游安徽境内水文信息和太湖水位信息，构建了覆盖全省的水雨情监测网络。

（2）工程调度实现多方案比选、多目标决策。过去传统的调度模式主要依靠专家的经验，平台通过数字模型耦合雨情、水情与工情，全过程作业智慧化模拟降雨汇流、洪水演进及洪水风险，构建以流域为单元的概化图、水位图、风险图"三图"研判模式，实现了对多种调度方案的高效比选，为多目标动态平衡提供了支撑。

（3）洪水风险实现了水位预警向风险预警的转变。通过数字化手段对洪水风险进行动态评估，可以精准地研判哪些区域可能进水受淹、受淹水深有多高、持续时间有多长。

（4）构建山洪灾害预报预警、监测预警、现地预警互为补充的预警体系。依托数字化手段，在传统发布预警、水文测站监测预警基础上，开展了声光电预警设备现地预警。同时，利用电子围栏等技术向特定区域的非特定人员发送预警，基本实现了预警到户、到人、到岗，有效保障了人民群众安全。

通过"浙水安全"的"山洪联防"智能模块，浙江全省 1.2 万多个山洪灾害防御重点村落的相关信息清楚地呈现在应用背景图上，27.3 万名危险区域人员清单一目了然，随着实况降雨的演进，不同时间尺度的风险预警层层发出。

二、山洪灾害声光电一体化预警系统

为将山洪灾害实时数据接入山洪灾害预警与应急联动平台，浙江省近年来结合山洪暴发的突发性特点，基于传感、物联网、数据分析算法，研究设计了集实时水位、雨量、图像、音频采集，以及多类别声光报警和数据传输于一体的新型山洪监测声光电一体化预警系统（陈明恩，2022）。一体化预警系统的设备包主要包括以下几部分：

（1）山洪遥测预警终端。利用网络传输前端设备采集的实时水位、雨量数据。

（2）山洪预警广播终端。采用网络连接配套广播终端监控平台，通过数据接口接收山洪预警系统下发的预警指令。

（3）低功耗球机。采用网络传输视频图像，通过视频国标协议接入视频监控平台，与山洪预警系统互联互通。

声光电预警系统具有水雨情实时监测功能、多种报警信号发布功能，内置防误报算法，具备很强的扩展性和可管理性。山洪灾害声光电预警设备安装后，一旦遇到汛情，该设备会自动触发广播预警音频和灯光闪烁报警，并自动向山洪灾害防御责任人发送预警信息，以此形成双保险机制，有效保障村民百姓的生命财产安全，遇突发或特大灾害时，山洪灾害高危险区周边的居民百姓也可以抢占"黄金时间"，及时安全撤离，在时间维度上增加山洪预警的时效性和可靠度（图 8-1）。

浙江省推广的声光电预警系统适用于小流域、人群聚集地、山洪沟等地，通过实时采集水文数据，在无移动信号区域也可实现声光电预警，为突发性自然灾害提供信息化报警手段，完善了预报预警、监测预警和现地预警互为补充的预警体系，拓展风险预警对象及发布渠道，实现山洪预警多时空尺度全覆盖。声光电预警系统接入"浙里九龙联动治水平台"，实行数字化预警管理，真正做到了小流域山洪的智慧化防御，从单靠"吹哨人"到联合"预警机"，大大提升夜间突发山洪或极端条件下山洪防御"村自为战"能力，较好解决各种原因导致的不报、漏报、迟报等问题，为山洪灾害防治增加了一道"智慧"防线。

图 8-1　浙江省山洪灾害声光电预警设备安装

第九章　山洪灾害防治工程措施

山洪灾害是一种常见的自然灾害，给人类社会和自然环境带来了巨大的危害。为了有效地防治山洪灾害，采取相应的山洪灾害防治措施是至关重要的。虽然我国目前山洪灾害防治主要措施为非工程措施，工程措施一般作为辅助（何秉顺，2021），但是由于工程措施相较于非工程措施具有针对性强、效果显著、可持续性强等特点，其仍是山洪灾害防治中不可或缺的一部分。

目前，山洪灾害防治的工程措施主要包括在山洪易发区域人工建设的山坡固定工程、山洪沟治理工程以及生态工程。通过对地形、水流等自然条件的人工改造，山洪灾害防治工程可以有效减轻或避免山洪灾害的危害，保障人民的生命财产安全，对于维护社会稳定和经济正常发展具有重要意义。

第一节　山坡固定工程

山坡固定工程是一种通过工程措施来固定山坡，防止斜坡、岩体和土体的运动，保证斜坡稳定，从而减少山洪引发的山体滑坡、泥石流等自然灾害发生的工程（王秀茹，2009）。山坡固定工程可以通过增加山体的稳定性、排除地表水和地下水、保护山体免受侵蚀等方式，有效地降低山洪灾害造成的危害。

山坡固定工程包括多种措施，如挡墙、抗滑桩、削坡开级和反压填土、排水工程以及护坡工程等。

一、挡墙

挡墙是最常用的山坡固定工程措施之一，是用于支承路基填土或山坡土体、防止填土或土体变形失稳的构造物。在挡墙横断面中，与被支承土体直接接触的部位称为墙背；与墙背相对的、临空的部位称为墙面；与地基直接接触的部位称为基底；与基底相对的、墙的顶面称为墙顶；基底的前端称为墙趾；基底的后端称为墙踵（图 9 - 1）。

（一）挡墙的分类

挡墙按结构可以分为重力式挡墙、锚定式挡墙、薄壁式挡墙、加筋土挡墙以及其他挡墙。

1. 重力式挡墙

重力式挡墙靠自身重力平衡土体，一般形式简单、施工方便、圬工量大，对基础要求也较高。依

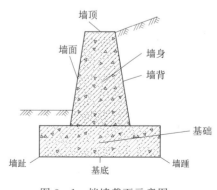

图 9 - 1　挡墙截面示意图

117

据墙背形式不同,其种类有普通重力式挡墙、不带衡重台的折线墙背式重力挡墙和衡重式挡墙。衡重式挡墙属重力式挡墙;衡重台上填土使得墙身重心后移,增加了墙身的稳定性;墙胸很陡,下墙背仰斜,可以减小墙的高度和土方开挖;但基底面积较小,对地基要求较高。

2. 锚定式挡墙

锚定式挡墙属于轻型挡墙,通常包括锚杆式和锚定板式两种。锚杆式挡墙主要由预制的钢筋混凝土立柱和挡土板构成墙面、与水平或倾斜的钢锚杆联合作用支挡土体,主要依靠埋置岩土中的锚杆的抗拉力拉住立柱,保证土体的稳定。锚定板式挡墙则将锚杆换为拉杆,在土中的末端连上锚定板。

3. 薄壁式挡墙

薄壁式挡墙是钢筋混凝土结构,包括悬臂式和扶壁式两种主要形式。悬臂式挡墙由立壁和底板组成,有三个悬臂,即立壁、趾板和踵板。当墙身较高时,可沿墙长一定距离立肋板(即扶壁),将立壁板与踵板连接起来,从而形成扶壁式挡墙。

4. 加筋土挡墙

加筋土挡墙是由填土、填土中的拉筋条以及墙面板等三部分组成,通过填土与拉筋间的摩擦作用,把土的侧压力削减到土体中,从而起到稳定土体的作用。加筋土挡墙属于柔性结构,对地基变形有较强的适应性,建筑高度也可以很大。

5. 其他挡墙

其他常见的挡墙还有柱板式挡墙、桩板式挡墙以及垛式挡墙等。

(二)挡墙的作用

挡墙在山洪灾害防治中扮演着重要的角色。在山洪易发区,挡墙可以有效地阻止山体滑坡和泥石流的发生,保护人民生命财产的安全。具体来说,挡墙的作用体现在以下几个方面:

(1)增加山体的稳定性。挡墙可以提供一定的支撑力,使山体更加稳定,从而减少山体滑坡和泥石流的发生。

(2)减少水土流失。挡墙可以防止山体的水土流失,维护山体结构的稳定,从而减少山体滑坡和泥石流的发生。

(3)提高防洪能力。挡墙可以防止洪水对山体岩土的冲刷,在一定程度上减少洪水对山体的破坏,从而提高当地的防洪能力。

(4)保护重要设施。挡墙可以保护一些重要的设施,如道路、桥梁、房屋等,从而保障当地居民的正常生活和工作。

二、抗滑桩

抗滑桩是一种通过桩插入滑面以下的稳固地层内,利用稳定地层岩土的锚固作用以平衡滑坡推力,从而稳定滑坡的结构物(图9-2)。抗滑桩的桩位宜选择在滑坡体较薄、嵌固段地基强度较高的地段,应综合考虑其平面布置、桩间距、桩长和截面尺寸等。抗滑桩的设置应

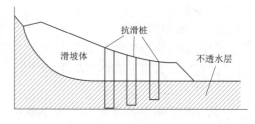

图9-2 抗滑桩

确保滑坡体不越过桩顶或从桩间滑动，应对越过桩顶滑出的可能性进行验算，并采取相应的防护措施（全国国土资源标准化技术委员会，2020）。作为山坡固定工程的重要组成部分，抗滑桩大量应用于洪涝灾害防治。

（一）抗滑桩的分类

抗滑桩按结构形式可以分为排式单桩、台式抗滑桩、排架抗滑桩、椅式桩墙以及预应力锚索（杆）抗滑桩等。

（1）排式单桩。在滑坡的适当部位，每隔一定距离挖掘出一竖井，再放置钢筋或型钢，最后灌注混凝土，形成一排或数排的若干单桩。排式单桩是最早出现的抗滑桩类型，也是目前应用最广泛的抗滑桩类型之一。它的工作原理是通过桩身将滑坡推力传递到稳定地层，利用稳定地层的锚固作用来平衡滑坡推力，从而达到稳定滑坡的目的。排式单桩的优点包括施工简单、安全可靠、成本低等。它的缺点是适用于浅层和中厚层的滑坡，对于深层滑坡和大规模滑坡的治理效果不够理想。

（2）承台式抗滑桩。将若干单桩的顶端用混凝土板或钢筋混凝土板连成一组共同抗滑，这种桩组叫承台式抗滑桩。承台式抗滑桩是一种将单桩联合起来共同工作的抗滑桩类型，主要用于大型滑坡的治理。它的优点是可以增加单桩的承载力和稳定性，提高整体的抗滑能力。缺点是施工难度较大，需要将单桩顶部连成一体，增加了施工成本和难度。

（3）排架抗滑桩。由两根竖桩与两根横梁连接组成，下横梁仿效隧洞导坑掘进法施工。排架抗滑桩是一种将竖桩和横梁连接成排架结构的抗滑桩类型，其工作原理与排式单桩类似，但具有更高的承载力和稳定性。排架抗滑桩适用于大型滑坡和深层滑坡的治理，其优点是承载力高、稳定性好，适用于不同规模的滑坡。缺点是施工难度较大，需要解决如何在滑床内施工横梁的问题。

（4）椅式桩墙。由内桩、外桩、承台、上墙和拱板五部分组成。椅式桩墙是一种将抗滑桩与挡土墙相结合的抗滑结构类型，其工作原理是通过将抗滑桩嵌入滑床一定深度，利用挡土墙和拱板等结构将滑坡推力传递到稳定地层，从而达到稳定滑坡的目的。椅式桩墙适用于大型滑坡和需要永久性治理的滑坡，其优点是承载力高、稳定性好、可以减少对周围环境的破坏。缺点是施工难度较大，需要解决如何建造和维护挡土墙和拱板等问题。

（5）预应力锚索（杆）抗滑桩。由预应力锚索（杆）组成，主要由锚索（杆）受力，改变了悬臂的受力状态和单纯靠桩侧向地基反力抵抗滑坡推力的机理。预应力锚索（杆）抗滑桩是一种利用预应力锚索（杆）来增强抗滑桩抗滑能力的结构类型，其工作原理是在抗滑桩施工过程中，将预应力锚索（杆）锚固在滑床深处稳定的岩土层中，通过预应力的作用将滑坡推力传递到稳定地层，从而达到稳定滑坡的目的。预应力锚索（杆）抗滑桩适用于大型滑坡和深层滑坡的治理，其优点是可以显著提高抗滑桩的承载力和稳定性，同时减少对周围环境的破坏。缺点是施工难度较大，需要解决如何安装和维护预应力锚索（杆）等问题。

（二）抗滑桩的优点

抗滑桩在山洪灾害防治中具有显著的优势和特点。它能够有效地增强山体的稳定性、防止滑坡和泥石流的发生、保护下游地区、恢复生态环境并带来经济效益。因此，在山洪灾害易发区，合理设置抗滑桩是一项非常重要的防灾措施。具体来说，抗滑桩具有下列优点：

（1）增加滑体抗滑力。抗滑桩通过深入滑床的桩柱设计，利用稳定地层的锚固作用，有效平衡滑体的滑动力，起到了显著的抗滑和支挡效果。

（2）减小对抗滑体的干扰。抗滑桩施工时对滑体的扰动较小，能够有效地保护滑体的自然稳定状态。同时，抗滑桩可以先施工，然后再进行开挖，能够显著提高工程的抗滑性能和稳定性，因此在山洪灾害防治工程中得到了广泛应用。

（3）适应不同地形和地质条件。抗滑桩的设计位置可以根据滑坡的实际情况和治理要求进行灵活调整，能够适应不同地形和地质条件的要求。

（4）桩坑可作为勘探井，验证滑面位置和滑动方向。在抗滑桩施工过程中，桩坑可以作为勘探井使用，以验证滑面位置和滑动方向，能够帮助施工设计人员根据实际情况及时调整设计方案，使其更加符合工程实际需求。

三、削坡开级和反压填土

削坡开级和反压镇土是用于固定滑坡体的重要工程措施，主要通过防止中小规模的土质滑坡和岩质斜坡崩塌来保护山坡的稳定。

（一）削坡开级

削坡可减缓坡度，减少滑坡体体积，从而减少滑坡体产生的下滑力。开级则是通过开挖边坡，修筑阶梯或平台，进而截短坡长、改变坡形和坡度，降低荷载重心，维持边坡稳定的又一护坡措施。对边坡高度大于4m、坡度大于1:1.5的，应采取削坡开级工程（图9-3）。

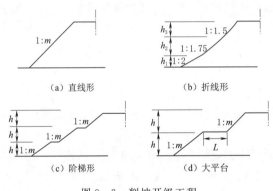

（a）直线形　　　（b）折线形

（c）阶梯形　　　（d）大平台

图 9-3　削坡开级工程

1. 土质边坡的削坡开级工程

土质坡面的削坡开级主要有直线形、折线形、阶梯形、大平台形等四种形式。

（1）直线形。适用于高度小于15m且结构紧密的均质土坡，或高度小于10m的非均质土坡。从上到下削成同一坡度，削坡后比原坡度减缓，达到该类土质的稳定坡度。对有松散夹层的土坡，其松散部分应采取加固措施。

（2）折线形。适用于高 12～15m、结构比较松散的土坡，特别适用于上部结构较松散，下部结构较紧密的土坡。重点是削缓上部，削坡后保持上部较缓、下部较陡的折线形。上下部的高度和坡比，根据土坡高度与土质情况，具体分析确定，以削坡后能保证稳定安全为原则。

（3）阶梯形。适用于高度在12m以上、结构较松散，或高度在20m以上、结构较紧密的均质土坡。每一阶小平台的宽度和两平台间的高差，根据当地土质与暴雨径流情况，具体研究确定。开级后应保证土坡稳定。除坡面石质坚硬、不易风化的外，削坡后的坡比一般应缓于1:1。

（4）大平台形。大平台形是开级的特殊形式，通过在边坡中部开出宽4m以上的大平台，以达到稳定边坡的目的，也可以在削坡的基础上进行，适用于高度大于30m、结构松散或在 8 度以上高烈度地震区的土坡。

2. 石质边坡的削坡开级工程

石质边坡的削坡开级适用于坡度陡直或坡形呈凸字形、荷载不平衡或存在软弱交互岩层且岩层走向沿坡体下倾的非稳定边坡。石质坡面削坡，应留出齿槽，在齿槽上修筑排水明沟或渗沟。

削坡后因土质疏松可能产生碎落或塌方的坡脚，应采取工程措施予以防护，无论土质削坡或石质削坡，都应在距最终坡脚 1m 处，修建排洪沟渠。

（二）反压填土

反压镇土是在滑坡体前面的阻滑部分堆土加载，以增加抗滑力，填土可筑成抗滑土堤。通过外部辅助的方式对不稳定边坡起到支撑作用，并在边坡脚回填土体，可使易滑塌体得到有效支护，能显著增强边坡的稳定性。

四、排水工程

排水工程可以减免地表水对坡体稳定性的不利影响，有效提高坡体的稳定性。排水工程包括排除坡面水、地下水等措施。坡面排水与地下排水措施宜统一考虑，并形成相辅相成的排水体系。

（一）坡面排水工程

坡面排水设施应包括截水沟、排水沟、跌水与急流槽等，应结合地形和天然水系进行布设，并做好进出水口的位置选择。应采取措施防止截排水沟出现堵塞、溢流、渗漏、淤积、冲刷和冻结等现象。

截、排水沟设计应符合下列规定：

（1）坡顶截水沟宜结合地形进行布设，且距挖方边坡坡口或潜在塌滑区后缘不应小于 5m；填方边坡上侧的截水沟距填方坡脚的距离不宜小于 2m；在多雨地区可设一道或多道截水沟。

（2）需将截水沟、边坡附近低洼处汇集的水引向边坡范围以外时，应设置排水沟。

（3）截、排水沟的底宽和顶宽不宜小于 500mm，可采用梯形断面或矩形断面，其沟底纵坡不宜小于 0.3％。

（4）截、排水沟需进行防渗处理；砌筑砂浆强度等级不应低于 M7.5，块石、片石强度等级不应低于 MU30，现浇混凝土或预制混凝土强度等级不应低于 C20。

（5）当截、排水沟出水口处的坡面坡度大于 10％、水头高差大于 1.0m 时，可设置跌水和急流槽将水流引出坡体或引入排水系统（住房和城乡建设部，2014）。

（二）地下排水工程

在设计地下排水设施前，应查明场地水文地质条件，获取设计、施工所需的水文地质参数。边坡地下排水设施包括渗流沟、仰斜式排水孔等。地下排水设施的类型、位置及尺寸应根据工程地质和水文地质条件确定，并与坡面排水设施相协调。

1. 渗流沟设计

渗流沟设计应符合下列规定：

（1）对于地下水埋藏浅或无固定含水层的土质边坡，宜采用渗流沟排除坡体内的地下水。

（2）边坡渗流沟应垂直嵌入边坡坡体，其基底宜设置在含水层以下较坚实的土层上；寒冷地区的渗流沟出口，应采取防冻措施，其平面形状宜采用条带形布置；对范围较大的潮湿坡体，可采用增设支沟，按分岔形布置或拱形布置。

（3）渗流沟侧壁及顶部应设置反滤层，底部应设置封闭层；渗流沟迎水侧可采用砂砾石、无砂混凝土、渗水土工织物作反滤层。

2. 仰斜式排水孔和泄水孔设计

仰斜式排水孔和泄水孔设计应符合下列规定：

（1）用于引排边坡内地下水的仰斜式排水孔的仰角不宜小于 6°，长度应伸至地下水富集部位或潜在滑动面，宜根据边坡渗水情况成群分布。

（2）仰斜式排水孔和泄水孔排出的水宜引入排水沟予以排除，其最下一排的出水口应高于地面或排水沟设计水位顶面，且不应小于 200mm。

（3）仰斜式泄水孔的边长或直径不宜小于 100mm，外倾坡度不宜小于 5％，间距宜为 2~3m，并宜按梅花形布置；在地下水较多或有大股水流处，应加密设置。

（4）在泄水孔进水侧应设置反滤层或反滤包；反滤层厚度不应小于 500mm，反滤包尺寸不应小于 500mm×500mm×500mm，反滤层和反滤包的顶部和底部应设厚度不小于 300mm 的黏土隔水层（住房和城乡建设部，2014）。

五、护坡工程

护坡工程能够加固山体坡面，有效防治碎石崩落、崩塌以及浅层小滑坡。常见的护坡工程主要有砌石护坡、混凝土护坡、预制框格护坡、喷浆护坡等。

（一）砌石护坡

砌石护坡是用石料建造的一种护坡形式，广泛应用于河流、水库、灌溉渠道等水利工程中。砌石护坡的主要作用是防止水流和风化作用对坡面的侵蚀，保护岸坡的稳定性和延长岸坡的使用寿命。

砌石护坡的优点是耐久性好、施工简便、造价相对较低。其结构形式通常为在岸坡上铺设一层石板或石块，石板或石块之间用砂浆或细石填缝，形成整体稳定的护坡结构。在坡脚处，通常设置挡石墙或锚固结构，以防止石块被冲刷或移动。

砌石护坡的施工方法包括干砌和浆砌两种。

干砌是将石块自然堆放在坡面上，不需用砂浆等黏结材料，主要应用于水流较缓、水位较低的场合。

浆砌是将石块用砂浆黏结在一起，形成整体性的护坡结构，具有较好的耐久性和防护效果，适用于水流较快、水位较高的场合。对于整体稳定性好，并满足设计安全系数要求的滑坡，可采用浆砌块石格构进行护坡。根据经验类比法进行设计，前缘形成坡度不宜大于 35°，即 1∶1.5。当边坡高度超过 30m 时，须设马道放坡，马道宽 2.0~3.0m（全国自然资源与国土空间规划标准化技术委员会，2006）。

（二）混凝土护坡

混凝土护坡是一种广泛应用于水利工程的护坡方式，其优点在于强度高、耐久性好、防护效果好等。混凝土护坡通常采用预制混凝土块或现场浇筑的方式施工，能够适应不同的地形和地质条件。

（1）边坡介于 1.0∶1.0～1.0∶0.5、高度小于 3m 的坡面，可以采用一般混凝土砌块护坡，砌块长宽各 30～50cm。若边坡陡于 1.0∶0.5，应采用钢筋混凝土护坡。

（2）当坡面有涌水现象时，应用粗砂、碎石或砂砾等设置反滤层。如果涌水量较大，应修筑盲沟排水。盲沟在涌水处下端水平设置，宽为 20～50cm，深为 20～40cm。

（三）喷浆护坡

在基岩不太发育裂隙、无大崩塌的坡段，可以采用喷浆机进行喷浆或喷混凝土护坡，以防止基岩风化剥落。采用喷浆护坡时应注意：

（1）喷涂水泥砂浆时，砂石料的最大粒径不超过 15mm，水泥和砂石的重量比控制在 1∶4～1∶5，砂率维持在 50%～60%，水胶比保持在 0.4～0.5。速凝剂的添加量应为水泥重量的 3% 左右。

（2）喷浆前必须清除坡面上的活动岩石、废渣、浮土和草根等杂物，填堵大缝隙和大坑洼。

（3）对于破碎程度较轻的坡段，可以根据当地的土料情况，就地取材，用胶泥喷涂护坡，或用胶泥作为喷浆的垫层（全国自然资源与国土空间规划标准化技术委员会，2006）。

（四）预制框格护坡

预制框格护坡是一种新型的护坡方式，其结构形式是在坡面上铺设预制混凝土框格，在框格内填土植草。预制框格护坡的优点在于施工简便、防护效果好以及景观效果好等。

第二节　沟道治理工程

沟道治理工程是为了固定沟床，防止沟底下切与沟岸扩张而修筑的工程措施，根据沟道治理工程的作用和目的，可以分为谷坊、拦沙坝、淤地坝等。沟道治理工程能有效防止或减轻山洪及泥石流灾害，充分保障沟道周边地区人民的生命财产安全和生态环境稳定。

一、谷坊

谷坊是在易受侵蚀的沟道中，为了固定沟床，防止沟底下切和沟岸扩张而修筑的土、石建筑物。谷坊位于沟道中，高度最高不能超过 5m。主要作用为抬高侵蚀基准，防止沟底下切；抬高沟床，稳定山坡坡脚，防止沟岸扩张；减缓沟道纵坡，减小山洪流速，减轻山洪或泥石流危害；拦蓄泥沙，使沟底逐渐台阶化，为利用沟道土地发展生产创造条件（中国水利百科全书编委会，2006）。

（一）谷坊的种类

按所采用建筑材料的不同，可将谷坊分为：土谷坊、石谷坊、插柳谷坊、枝梢谷坊、木料谷坊、竹笼装石谷坊、混凝土谷坊、钢筋混凝土谷坊等。根据谷坊使用年限的不同，可将其分为：永久性谷坊，如浆砌石谷坊、混凝土谷坊和钢筋混凝土谷坊等；临时性谷坊，如插柳谷坊、枝梢谷坊、木料谷坊等。根据谷坊透水性能的差别，还可将其分为：透水性谷坊，如干砌石谷坊、插柳谷坊等；不透水性谷坊，如土谷坊、浆砌石谷坊等。

在实际工程中，应综合考虑沟道地形、地质、洪水、当地的材料、谷坊高度、谷坊失事后可能造成损失的严重程度，选择合适的谷坊类型。

（二）谷坊的设计要求

谷坊应建在坚实的地基上。当地基为岩基时，应清除表层风化岩；当地基为土基时，埋深不得小于1m，并应验算地基承载力。谷坊位置应选在沟谷宽敞段下游窄口处，山洪沟道冲刷段较长时，可沿沟道由上到下设置多处谷坊。谷坊间的沟床纵坡应满足稳定沟道降坡的要求。

谷坊高度应根据山洪沟的自然纵坡、稳定坡降、谷坊间距等确定。谷坊的高度宜为1.5~4m，当高度大于5m时，应按塘坝的设计要求进行设计。

在山洪沟坡降不变的情况下，谷坊的间距与谷坊高度接近成正比，可按下式计算：

$$L = \frac{h}{J - J_o}$$

式中：L 为谷坊间距，m；h 为谷坊高度，m；J 为沟床天然坡降；J_o 为沟床稳定坡降（中华人民共和国水利部，2013）。

此外，不同类型的谷坊在建设时也有不同的要求。如：铅丝石笼、浆砌石和混凝土等形式的谷坊，在其中部或沟床深槽处应设溢流口；设计谷坊顶部全长溢流时，应进行两侧沟岸的防护，并在溢流口下游设置消能设施；护砌长度可根据谷坊的高度、单宽流量和沟床土质计算确定。对于浆砌石和混凝土谷坊，应每隔15~20m设一道变形缝，谷坊下部应设排水孔；土石谷坊不得在顶部溢流，宜在坚实沟岸开挖溢流口或在谷坊底部设泄流孔，并进行基础处理。

二、淤地坝

淤地坝是指在水土流失地区的各级沟道中，以拦泥淤地为目的而修建的坝工建筑物，其拦泥淤成的地叫坝地。一条沟内修建多个淤地坝是中国黄土高原水土流失严重地区重要而独特的治沟工程体系。淤地坝作为小流域沟道治理的主要措施，具有拦蓄坝坡泥沙，防止沟道下切、沟岸扩张以及沟道重力侵蚀，调节沟道径流，促进水资源科学利用等诸多作用。

（一）淤地坝的分类分级

淤地坝按照坝体种类可分为土坝、石坝、土石混合坝；按坝体施工方法可分为碾压坝和水坠坝；按用途可分为缓洪骨干坝、拦泥生产坝。此外，根据库容不同还可将其分为大型淤地坝、中型淤地坝以及小型淤地坝三种级别，淤地坝工程等别及其建筑物分级标准详见表9-1。

表9-1　　　　　　　　淤地坝工程等别及其建筑物分级标准

工程等别	工程规模		总库容/万m³	永久性建筑物级别		临时性建筑物级别
				主要建筑物	次要建筑物	
Ⅳ	大型淤地坝	1型	100~500	4	5	5
Ⅴ		2型	50~100	5	5	—
Ⅴ	中型淤地坝		10~50	5	5	—
—	小型淤地坝		1~10	—	—	—

（二）淤地坝的设计洪水标准

淤地坝建筑物的设计标准可按表9-2确定。对于大型淤地坝控制区域外的中型淤地坝，应校核洪水重现期取上限。

表9-2 淤地坝建筑物的设计标准

工程规模		建筑物级别	洪水重现期/a	
			设计	校核
大型淤地坝	1型	4	30～50	300～500
	2型	5	20～30	200～300
中型淤地坝		5	20～30	50～200
小型淤地坝		—	10～20	30～50

（三）坝址选择及工程布置

1. 淤地坝的坝址选择

淤地坝的坝址选择应符合下列要求，并根据不同方案对比后确定：

（1）应避开较大弯道、跌水、泉眼、断层、滑坡体、洞穴等地形，坝肩不得有冲沟。

（2）应具备布设放水建筑物、泄洪建筑物的地形和地质条件。

（3）筑坝材料的种类、性质、数量、位置和运输条件应满足建坝要求。

（4）库区淹没损失小，不应对下游居民点、学校、工矿、交通等重要设施造成安全隐患。

2. 淤地坝建筑物的布置

淤地坝建筑物的布置应符合下列规定：

（1）大型淤地坝应设置坝体、放水建筑物和泄洪建筑物。

（2）在大型淤地坝控制区域内的中、小型淤地坝，可设置坝体、放水建筑物或坝体、泄洪建筑物。

（3）大型淤地坝控制区域外的中型淤地坝应配置泄洪建筑物（中华人民共和国水利部，2020）。

三、拦沙坝

拦沙坝是以拦蓄山洪泥石流沟道中固体物质为主要目的的挡拦建筑物。多建在主沟或较大的支沟内，通常坝高大于5m，库容宜小于10万m³，甚至更大。拦沙坝常设置于山洪、泥石流形成区或形成区与流通区交界段的沟谷内，是沟道治理中的骨干工程。

（一）拦沙坝的种类与特点

拦沙坝按照结构特点可以分为重力坝、切口坝、错体坝、拱坝、格栅坝以及钢索坝六种。

（1）重力坝。重力坝以自重在地基上产生的摩擦力来抵抗坝后泥石流产生的推力和冲击力。优点是结构简单，施工方便，就地取材，耐久性强。

（2）切口坝。切口坝又被称为缝隙坝，是重力坝的变形，即在坝体上开一个或数个泄流缺口。多用于稀性泥石流流沟，有拦截大砾石，滞洪，调节水位关系等作用。

（3）错体坝。错体坝将重力坝从中间分成两部分，并在平面上错开布置，主要用于坝肩处有活动性滑坡又无法避开的情况。

（4）拱坝。拱坝可建在沟谷狭窄，两岸基岩坚固的坝址处。拱坝在平面上呈凸向上游的弓形，拱圈受压应力作用，可充分利用石料和混凝土的高抗压强度，具有省工、省料等特点。但拱坝对坝址地质条件要求很高，设计和施工较为复杂。

（5）格栅坝。格栅坝具有良好的透水性，可有选择性地拦截泥沙，还具有坝下冲刷小、坝后易于清淤等优点。格栅坝主体可以在现场拼装，施工速度快。不足之处是坝体的强度和刚度较重力坝小，格栅易被高速流动的泥石流龙头和大砾石击坏，需要的钢材较多，要求有较好的施工条件和熟练的技工。

（6）钢索坝。钢索式拦砂坝是采用钢索编织成网，固定在沟床上而形成的结构。这种结构不仅有良好的柔性，能消除泥石流巨大的冲击力，促使泥石流在坝上游淤积，而且坝结构简单，施工方便，但耐久性差，目前使用较少。

此外，按照建筑材料的不同又可将拦沙坝分为砌石坝、混合坝和铁丝石笼坝。

（二）拦沙坝工程设计

1. 拦沙坝工程等别及建筑物级别

拦沙坝工程等别及建筑物级别应符合下列规定：

拦沙坝坝高宜为 $3\sim15\text{m}$，库容宜小于 10 万 m^3，工程失事后对下游造成的影响较小，拦沙坝工程的等别划分可根据表 9-3 确定。

表 9-3　　　　　　　　　　　　拦沙坝工程的等别划分

工程等级	坝高/m	库容/万 m³	保护对象		
			经济设施的重要性	保护人口/人	保护农田/亩
Ⅰ	10～15	10～50	特别重要经济设施	≥100	≥100
Ⅱ	5～10	5～10	重要经济设施	<100	10～100
Ⅲ	<5	<5	—	—	<10

拦沙坝建筑物级别划分应根据工程等级和建筑物的重要性按表 9-4 确定。

表 9-4　　拦沙坝建筑物级别划分

工程等级	主要建筑物	次要建筑物
Ⅰ	1	3
Ⅱ	2	3
Ⅲ	3	3

2. 拦沙坝工程建筑物的防洪标准

拦沙坝工程建筑物的防洪标准应根据其级别分别按表 9-5 的规定确定。

3. 坝顶高程确定

坝顶高程的确定应符合下列规定：

（1）坝顶高程应为校核洪水位加坝顶安全超高，坝顶安全超高值可取 0.5～1.0m。

表 9-5　　　　　　　　　　　　拦沙坝工程建筑物的防洪标准

建筑物级别	洪水标准 [重现期/年]		
	设计	校　检	
		重力坝	土石坝
1	20～30	100～200	200～300
2	20～30	50～100	100～200
3	10～20	30～50	50～100

（2）坝高应由拦泥坝高、滞洪坝高和安全超高三部分组成，拦泥高程和校核洪水位应由相应库容、查水位库容关系曲线确定。

（三）拦沙坝的选址与布置原则

1. 拦沙坝坝址选择

天然坝址选择可参考以下原则：

（1）地质条件。坝址附近应无大断裂通过，坝址处无滑坡、崩塌，岸坡稳定性好，沟床有基岩出露，或基岩埋深较浅，坝基为硬性岩或密实的老沉积物。

（2）地形条件。坝址处沟谷狭窄，坝上游沟谷开阔，沟床纵坡较缓，建坝后能形成较大的拦淤库容。

（3）建筑材料。附近有充足或比较充足的石料、沙等当地建筑材料。

（4）施工条件。离公路较近，从公路到坝址的施工便道易修筑，附近有布置施工场地的地形，有水源等。

2. 拦沙坝的布置

天然坝址初步选出后，拦沙坝的确切位置还应按下列原则作出决定：

（1）拦沙坝布置应因害设防，在控制泥沙下泄、抬高侵蚀基准和稳定边岸坡体坍塌的基础上，应结合后续开发利用。

（2）沟谷治理中拦沙坝宜与谷坊、塘坝等相互配合，联合运用。

（3）崩岗地区单个崩岗治理应按"上截、中削、下堵"的综合防治原则，在下游因地制宜布设拦沙坝（中华人民共和国住房和城乡建设部，2014）。

第三节　护岸与堤防工程

护岸与堤防工程是护岸工程与堤防工程的统称。护岸与堤防工程的作用主要是保护河流、湖泊和海岸不受水流的冲刷和侵蚀，减小或避免洪水对当地造成的损失，维护生态环境的稳定。

一、护岸工程

护岸工程是指为了防止河流侧向侵蚀以及因河道局部冲刷而造成的坍岸等灾害，使主流线偏离被冲刷地段的保护工程设施。通常采用较小的防护措施，如石块、混凝土块、木板等材料来加固岸坡。

（一）护岸工程的种类

根据形式的不同，护岸可以分为坡式护岸、墙式护岸、板桩式及桩基承台式护岸、顺坝和短丁坝护岸等。

（1）坡式护岸。坡式护岸将建筑材料或构件直接铺在堤防或滩岸临水坡面，形成连续的覆盖层，防止水流、风浪的侵蚀、冲刷。这种防护形式顺水流方向布置，断面临水面坡度缓于1∶1.0，对水流的影响较小，也不影响航运，因此被广泛采用。中国长江中下游河势比较稳定，在水深流急处、险要堤段、重要城市、港埠码头广泛采用坡式护岸。湖堤防护也常采用坡式护岸。

（2）墙式护岸。墙式护岸靠自重稳定，要求地基满足一定的承载能力。可顺岸设置，具有断面小、占地少的优点，常用于河道断面窄，临河无滩、又受水流淘刷严重的堤段，如城镇、重要工业区等。海堤防护多采用坡式、墙式以及坡式、墙式上下结合的组合形式。

（3）板桩式及桩基承台式护岸。板桩式及桩基承台式护岸的结构形式，按有无锚碇可分为无锚板桩及有锚板桩两类。锚碇结构形式有：锚碇板或锚碇墙、锚碇桩或锚碇板桩、锚碇叉桩。锚碇板一般采用预制钢筋混凝土板，锚碇墙一般采用现浇钢筋混凝土墙，锚碇桩一般采用预应力或非预应力钢筋混凝土桩，锚碇板桩一般采用钢筋混凝土板桩，锚碇叉桩一般采用钢筋混凝土桩。

（4）顺坝和短丁坝护岸。顺坝和短丁坝护岸依托顺坝以及丁坝、顺坝相结合的 T 形坝、拐头形坝，起到导引水流离岸，防止水流、风浪直接侵蚀、冲刷堤岸。这是一种间断性的、有重点的防护形式，中国黄河上多有应用。长江在江面宽阔的河口段也常用丁坝、顺坝保滩促淤、保护堤防安全。美国密西西比河干支流也修建了不少丁坝。

此外，根据结构材料的不同还可将其分为块石护岸、柳石护岸、石笼护岸、沉排护岸、土工织物护岸以及透水桩护岸等（中国水利百科全书编委会，2006）。

（二）护岸工程的布置原则

（1）护岸工程的形式、布置应与城市建设风格一致，且与城市环境景观相协调。

（2）护岸工程布置不应侵占行洪断面，不应抬高洪水位，上下游应平顺衔接，并应减少对河势的影响。

（3）护岸形式应根据河流和岸线特性、河岸地质、城市建设、环境景观、建筑材料和施工条件等因素研究选定，可选用坡式护岸、墙式护岸、板桩及桩基承台护岸、顺坝和短丁坝护岸等。

（三）护岸工程的设计原则

（1）在进行护岸工程设计之前，应对上下游沟道情况进行调查研究，分析在修建护岸工程之后，下游或对岸是否会发生新的冲刷，确保沟道安全。

（2）为减少水流冲毁基础，护岸工程应大致按地形设置，并力求形状没有急剧的弯曲。

（3）护岸工程的设计高度应从两方面考虑，一方面要保证山洪不致漫过护岸工程，另一方面应考虑护岸工程的后方有无崩塌的可能。

（4）在弯道段凹岸水位较凸岸水位高，因此，凹岸护岸工程的高度应更高一些。

（四）护岸工程的作用

护岸工程是江河防洪、水势控制和河道整治工程的重要组成部分，是河道治理的一项基础性工程，在山洪灾害防治中发挥着极其重要的作用。

（1）护岸工程可以有效地防止河岸坍塌，稳定河道岸坡，降低山洪灾害发生的可能性。

（2）护岸工程可以改善河流生态环境，提高河岸生态系统的稳定性和抗灾能力。通过采用生态化的护岸材料和施工方法，可以促进自然生态的恢复和保护，增强河流的自净能力，改善水体质量。

（3）护岸工程还可以与周边生态系统进行物质交换，形成良好的生态系统。通过与周边生态环境的协调和配合，可以更好地发挥护岸工程的作用和效益。

二、堤防工程

堤防工程通常是为了防止洪水泛滥而修建的，主要通过建立高大的挡水墙或堤坝来抬高水位，从而降低洪水对周边地区的威胁。堤防工程一般要求能够承受较大的水压力和剪切力，因此需要较高的稳定性和安全性。

（一）堤线布置与堤型选择

1. 堤线布置

堤线布置应根据防洪规划，地形、地质条件，河流或海岸线变迁，结合现有及拟建建筑物的位置、施工条件、已有工程状况以及征地拆迁、文物保护行政区划等因素，经过技术经济比较后综合分析确定。堤线布置应符合下列原则：

（1）堤线布置应与河势相适应，并宜与大洪水的主流线大致平行。

（2）堤线布置应力求平顺，相邻堤段间应平缓连接，不应采用折线或急弯。

（3）堤线应布置在占压耕地、拆迁房屋少的地带，并宜避开文物遗址，同时应有利于防汛抢险和工程管理。

（4）堤防工程宜利用现有堤防和有利地形，修筑在土质较好、比较稳定的滩岸上，应留有适当宽度的滩地，宜避开软弱地基、深水地带、古河道、强透水地基。

2. 堤型选择

堤防工程的形式应根据堤段的地理位置、重要程度、堤址地质、筑堤材料、水流及风浪特性、施工条件、运用和管理要求、环境景观、工程造价等因素，经过技术经济比较，综合确定。

（1）加固、改建、扩建的堤防，应结合原有堤型、筑堤材料等因素选择堤型。

（2）城市防洪堤应结合城市总体规划、市政设施建设、城市景观与亲水性等选择堤型。

（3）相邻堤段采用不同堤型时，堤型变换处应做好连接处理（中华人民共和国水利部，2013）。

（二）堤基处理

堤基处理应根据堤防工程级别、堤高、堤基条件和渗流控制要求，选择经济合理的方案。堤基处理还应符合下列要求：

（1）渗流控制应保证堤基及背水侧堤脚外土层的渗透稳定。

（2）堤基应满足静力稳定要求，按抗震要求设计的堤防还应满足抗震动力稳定要求。

（3）竣工后堤基和堤身的总沉降量和不均匀沉降量不应影响堤防的安全和运用。

（4）堤基处理应探明堤基中的暗沟、古河道、塌陷区、动物巢穴、墓坑、窑洞、坑塘、井窖、房基、杂填土等隐患，并应采取处理措施。

（三）堤身设计

1. 一般规定

（1）堤身的结构设计应经济实用、就地取材、便于施工和维护，并应满足防汛和管理的要求。

（2）堤身设计应依据堤基条件、筑堤材料及运行要求分段进行。堤身各部位的结构与尺寸，应经稳定计算和技术经济比较后确定。

（3）土堤堤身设计应包括堤身断面布置、填筑标准、堤顶高程、堤顶结构、堤坡与戗台、护坡与坡面排水、防渗与排水设施等。防洪墙设计应包括墙身结构形式、墙顶高程和基础轮廓尺寸及防渗、排水设施等。

（4）通过古河道、堤防决口堵复、海堤港汊堵口等地段的堤身断面，应根据水流、堤基、施工方法及筑堤材料等条件，结合各地的实践经验，经专门研究后确定。

2. 堤顶高程确定

堤顶高程应按设计洪水位加堤顶超高确定。设计洪水位应按现行行业标准《水利工程水利计算规范》（SL 104—2015）的有关规定计算。堤顶超高应按下式计算：

$$Y = R + e + A$$

式中：Y 为堤顶超高，m；R 为设计波浪爬高，m；e 为设计风壅水面高度，m；A 为安全加高值，m（中华人民共和国水利部，2013）。

（四）堤防工程的作用

堤防工程在防洪减灾中具有重要作用，其主要表现在以下几个方面：

（1）约束水流，提高河道泄洪排水能力。堤防工程能够有效地约束水流，提高河道泄洪排水能力，减少洪水灾害的发生。在洪水来临时，堤防能够迅速形成对洪水的拦截，为人们正常生产生活、交通运输等提供保障。

（2）防止洪水泛滥，保护工农业生产和人民生命财产安全。堤防工程能够有效地防止洪水泛滥，保护工农业生产和人民生命财产安全。在洪水来临时，堤防能够限制洪水泛滥的范围，减轻洪水对周边地区的冲击和破坏，保障人民生命财产安全。

（3）抗御风浪和海潮，防止风暴潮侵袭陆地。在沿海地区，堤防工程能够抵御海浪和潮水的冲击，保护沿海地区人民的生命财产安全和生态环境稳定。

第四节 排 导 工 程

在需要排泄泥石流，或控制泥石流走向和堆积位置时，可针对泥石流的性质采用排导沟或渡槽等排导工程。

一、排导沟

排导沟又称为排导槽，是一种在泥石流堆积扇或堆积阶地上修建的能使泥石流按预定路线排出的沟槽。

（一）排导沟的种类

根据挖填方式和建筑材料的不同，可以将排导沟分为挖填排导沟、三合土排导沟以及浆砌块石排导沟。

（1）挖填排导沟。挖填排导沟是在冲积扇上按照设计断面开挖或填方修筑起来的排导沟，它具有结构简单、可就地取材、易于施工、节省投资等优点。挖填排导沟的断面形式有三种，即梯形断面、复式断面和弧形断面，排泄流量不大的排导沟通常采用梯形断面，流量较大的则采用复式断面或者弧形断面。

（2）三合土排导沟。排导沟的土堤使用土、砂和石灰以一定比例制成的混合物分层填筑、夯实而成，适用于高含砂山洪区。

（3）浆砌块石排导沟。浆砌块石排导沟适用于排泄冲刷力强的山洪。浆砌石衬砌的方式主要分为边坡衬砌和边坡与沟底均衬砌两种。浆砌块石排导沟多用于半挖半填的排导沟中，这样既经济又安全，衬砌厚度一般为 0.3～0.5m（严珍，2018）。

（二）排导沟设计

（1）排导沟进口设计。排导沟进口可利用天然沟岸，也可设置八字形导流堤，其单侧平面收缩角宜为 10°～15°。

（2）排导沟横断面设计。排导沟的横断面宜窄深，坡度应较大，其宽度可按天然流通段沟槽宽度确定，沟口应注意避免受洪水倒灌和堆积场淤积的影响。

（3）排导沟深度设计。排导沟的设计深度可按下式计算，沟口还应该计算扇形体的堆高及其对排导沟的影响。

$$H = H_c + H_i + \Delta H$$

式中：H 为排导沟设计深度，m；H_c 为排导沟设计流深，m，其值不宜小于泥石流波峰高度和可能通过最大块石尺寸的 1.2 倍；H_i 为泥石流淤积高度，m；ΔH 为安全加高，m，采用相关标准的数值，在弯曲段另加由于弯曲而引起的壅高值（中华人民共和国水利部，2013）。

（三）排导沟的布置原则

排导沟自上而下由进口段、急流段和出口段三段组成。进口段做成喇叭形，并设渐变段与急流段顺畅衔接。此外，在布置排导沟时还应注意以下问题：

（1）根据排导流量，确定排导沟的断面和比降，保证泥石流不漫槽。

（2）排导沟出口下游的排泄区要比较顺直或通过裁弯取直后比较顺直，以利于泥石流流动。排导沟必须有足够的纵向坡度，或采取一定的工程措施后有足够的纵坡，保证泥石流的顺畅下泄，不淤不堵排导沟。

（3）排泄区下游必须有充足的停淤场，使泥石流导流后不致产生漫淤、漫流等危害（中华人民共和国水利部，2008）。

二、渡槽

在线性设施与泥石流流经区或堆积区交叉处，需要修建渡槽使泥石流从渡槽中通过，避免对线性设施造成危害。

1. 渡槽的组成

渡槽由沟道入流衔接段、进口段、槽身、出口段和沟道出流衔接段五部分组成。

2. 适宜采用渡槽的条件

（1）泥石流多发频发，高含沙洪水与常流水交替出现，沟道常年受冲刷。

（2）地形的高差能满足线路设施立体交叉净空的要求。

（3）进出口能保持畅通，基础有足够的承载力并能够承受泥石流冲刷。

（4）泥石流的最大流量不超过 200m³/s，其中固体物质粒径最大不超过 1.5m。

3. 不宜采用渡槽的条件

（1）沟道迁徙无常，沟床冲淤变化剧烈。

（2）洪水流量、容重以及固体物质粒径等变化幅度很大的高黏性泥石流和含巨大漂砾的泥石流（中华人民共和国水利部，2008）。

三、停淤场

停淤场是为了引导和停滞山洪泥石流等自然灾害物质的堆积而设置的一种工程设施。其建设目的是减少泥石流等自然灾害对周边地区造成的危害，通过人工修建或改造原有的沟道，使泥石流在特定的区域内停滞下来，能有效减少排导沟的淤积。

（一）停淤场的分类及特点

按照停淤场所处位置的不同，可以将其分为沟道停淤场、堆积扇停淤场、跨流域停淤场以及围堰式停淤场四种。

（1）沟道停淤场。利用宽阔、平缓的泥石流沟道漫滩及一部分河流阶地，停淤大量的泥石流固体物质。此类停淤场，一般均与沟道平行，呈条带状。优点是不侵占耕地，抬高了沟床的高程，拓展了沟床宽度，能为今后开发创造条件；缺点是压缩了常流水沟床宽度，对排泄规模大的泥石流不利。

（2）堆积扇停淤场。利用泥石流堆积扇的一部分或大部分低凹地作为泥石流固体物质的堆积地。停淤场的大小和使用时间，可根据堆积扇的形状、大小、扇面坡度、扇体与主河的相互影响关系及其发展趋势、土地开发利用状况等条件而定。一般来说，若堆积扇发育于开阔的主河漫滩之上，则停淤场的面积及停淤泥沙量，将随河漫滩的扩大而增加。

（3）跨流域停淤场。利用邻近流域内荒废的低洼地作为泥石流固体物质的停淤场地。此类停淤场不仅需要适宜的地形地质条件，能够通过相应的拦挡、排导工程，将泥石流体顺畅地引入邻近流域内被指定的低洼地，同时还需要经过多方案比较后证明其经济、合理与可行性。

（4）围堰式停淤场。在泥石流沟下游已废弃的低洼老沟道或干涸湖沼洼地等地段，采用围堰工程，在缺口（含出水口）处将其封闭起来，使泥石流停淤此处。

（二）停淤场的布置要点

（1）停淤场宜布置在坡度小、地面开阔的沟口扇形地带，并应利用拦挡坝和导流堤引导泥石流在不同部位落淤。停淤场应有较大的场地，使一次泥石流的淤积量不小于总量的50%，设计年限内的总淤积高度不宜超过 5～10m。

（2）停淤场内的拦挡坝和导流坝的布置，应根据泥石流规模、地形等条件确定。

（3）停淤场拦挡坝的高度宜为 1～3m。可直接利用泥石流冲积物构筑坝体。对冲刷严重或受泥石流直接冲击的坝，宜采用混凝土、浆砌石、铅丝石笼护面。坝体应设溢流口排泄泥水（中华人民共和国水利部，2013）。

第五节　生　态　工　程

生态工程是将建筑的生态功能与工程功能及安全功能同等考虑，对山洪易发区域采取环境保护措施用以保持水土、稳固堤岸、阻挡洪水波涛对防洪堤岸冲激侵蚀等的工程，其中生态护坡工程在我国有着极为广泛的应用。

一、生态工程的作用

生态工程是一种综合性工程，既能满足河流生态保护要求，也满足地区防洪需求，兼有生态效益和社会效益。

（一）减少泥沙补给量

（1）固定土层，减轻土壤侵蚀。植物根系深入土层之中，能固定土层，增加土层的稳定性，减少水流和空气流动对土壤的侵蚀程度。

（2）稳定沟床，抑制沟道变形。在河道两岸种植耐水淹的植物，其根系可以稳固河岸土壤，防止水流冲刷和侵蚀沟床。此外，在泥石流形成区的固土效果更加明显。

（3）拦截泥沙，加固沟岸。植被可以大大增加沟道的糙率，阻拦泥沙运动，从而起到拦截泥沙的作用。

（4）拦蓄水流，固沟护坡。茂密的植被能够吸收和储存大量的水分，减缓水流流速，降水在通过植被时会被拦蓄，使得产汇流时间延滞，可以起到固沟护坡的作用。

（二）削减水体补给量

对于山洪的形成，水体补给量主要取决于降水的水量。该水量既与降水量（融雪水量）有关，又与汇流条件有关。植被的调洪滞洪作用，可起到削减启动的洪峰流量的汇流时间作用。植被的调洪方式主要是通过地上层（乔木层的树冠、树枝、树干，灌木层的树冠、树枝和草被层）和地下层（林下地面枯枝落叶层、草根层、土壤灌木根系层和乔木根系层）的截滞作用而实现的（严珍，2018）。

二、生态护坡工程

生态护坡工程技术是以工程建设和环境保护为目的，通过人工、复合材料网、基质材料与植被的共同作用，对河湖堤岸、路基、山体、陡坡等坡面进行防护，以防止或治理水土流失、坍塌、掉块、滑坡等灾害，同时也为水生和岸坡生物提供一定的生存环境。生态护坡工程在山洪防治中应用广泛，其特点在于"生态修复"，在保证边坡整体稳定的前提下，结合地方生态条件，通过地下根系对岩土的生物锚固作用，进行斜坡表层和浅表层稳定，防止坡面灾害、水土流失，从而实现延长建设工程使用寿命、迅速进行工程创伤的恢复、形成与周围生态环境相协调的持久性绿化边坡。

（一）生态护坡工程的含义

生态护坡工程属于景观再造工程，秉持维系生态平衡的原则，通过植物进行生态护坡，既可以有效地防止塌方、减少水土流失等造成的损失，也可以对丑陋的地形进行绿化美化，使其更具生态景观效果。

生态护坡工程应该包括两方面的含义，首先是护坡，其次是生态，其具体内涵为：

（1）在满足行洪排涝要求的基础上，生态护坡工程应保证岸坡的稳定，防止水土流失。

（2）生态护坡是开放式的系统，它与周围生态系统密切联系，并能不断与周围生态系统进行物质交换。

（3）生态护坡是动态平衡的系统，系统内的生物之间存在着复杂的食物链，它们互为食物，保持着系统的动态平衡。

（4）生态护坡是动力式的系统，它与水流之间是相互作用的，水流对岸坡有冲刷作用，岸坡对水流有阻碍作用，岸坡生态系统是地表水与地下水交换的媒介。

（二）生态护坡工程的设计原则

在保证岸坡稳定和满足行洪要求的基础上，生态护坡是一个与周围环境相互协调、协同发展，保证社会、经济可持续发展的开放性的生态系统，在设计时应综合考虑各方面的因素。

（1）稳定性原则。护坡的设计首先应满足岸坡稳定的要求，岸坡的不稳定性因素主要是岸坡面逐步冲刷和表层土滑动破坏引起的不稳定。因此，应对影响岸坡稳定的水力参数和土工技术参数进行研究，从而实现对防护的水力稳定性设计。

（2）生态原则。生态护坡设计应与生态环境相协调，使其对环境的影响达到最小。这种协调意味着设计应以尊重物种多样性、减少对资源的剥夺、保持营养和水循环、维持植物生存环境和动物栖息地的质量、有助于改善人居环境及生态系统的健康为总体原则（魏松，2012）。

（三）生态护坡的常用形式

常用的生态护坡形式包括植物型护坡、土工材料复合种植基护坡、生态石笼护坡、植被型生态混凝土护坡、生态袋护坡。

（1）植物型护坡。通过在岸坡种植植被（乔木、灌木、草皮等），利用植物发达根系的力学效应（深根锚固和浅根加筋）和水文效应（降低孔压、削弱溅蚀和控制径流）进行护坡固土、防止水土流失，在满足生态环境需要的同时进行景观造景。

（2）土工材料复合种植基护坡。将土工合成材料引入边坡防护中进行边坡防护，既能克服植物生长初期易被雨水冲刷的缺陷，同时在植物成长以后，其发达的根系与土工合成材料及边坡浅土层形成一个牢固的加筋复合整体，能大大缓解水流流速，避免地表直接受水冲击，长期有效地防止边坡被雨水冲毁。可应用于边坡生态防护的土工合成材料有土工格网、土工格栅、三维植被网及土工格室等。

（3）植被型生态混凝土护坡。生态混凝土是一种性能介于普通混凝土和耕植土之间的新型材料，由多孔混凝土、保水材料、缓释肥料和表层土组成。多孔混凝土是植被型生态混凝土的骨架，由粗骨料、水泥、适量的细掺和料组成。保水材料以有机质保水剂为主，辅以掺入无机保水剂，为植物提供必要的水分。表层土铺设于多孔混凝土表面以减少土壤水分的蒸发，为植物发育期提供养分。植被型生态混凝土护坡抗冲刷性能好，表层覆草具有缓冲功能，固土作用显著，有较强的抵御洪水的能力。护坡孔隙率高，保证了土壤、水体、大气的连通，有效地降低了孔隙水压力，不仅能为植物根系生长和动物及微生物的繁殖提供场所。

（4）生态袋护坡。生态袋是采用专用机械设备，依据特定的生产工艺，把肥料、草种和保水剂按一定密度定植在可自然降解的无纺布或其他材料上，并经机器的滚压和针刺等工序而形成的产品。生态袋共分5层，最外层和最内层为尼龙纤维网，次外层为加厚的无纺布，中层为植物种子、有机基质、保水剂、长效肥等混合料，次内层是在短期内自动分解的无纺纤维布。

三、其他生态工程

其他生态工程措施还有林业措施、农业措施以及牧业措施等。林业措施主要是指植树造林、恢复森林生态系统等，通过提高森林覆盖率、增强森林的生态功能，从而减少水土流失和山洪灾害的发生。农业措施则注重通过改变小地形来增加地面糙率，例如等高耕作等，以减少水土流失和山洪灾害的发生。而牧业措施则关注合理利用草地资源、防止过度放牧等，以保持草地的生态平衡和防止土壤侵蚀。这些措施相互配合，共同实现山洪灾害防治工程的可持续发展和环境保护的目标。

第十章　浙江省山洪灾害防治案例库

第一节　淳安"三提三全"实现强降雨精准避险

——2023年淳安县"7·1"短临强降雨避险

2023年7月1日，淳安县西部、东部乡镇遭遇大到暴雨，姜家镇降下大暴雨，雨量达112.6mm，辖区内浮林村、赤城村、章村村等站点雨量均较大，其中浮林村最大雨量达218.1mm。受到强降雨影响，淳安县多个乡镇出现了洪水、泥石流、山体滑坡等灾害，导致部分农田被淹、道路阻断、基础设施毁坏，群众生产生活受到不同程度影响。淳安县防指通过提前部署、压实责任、提级预警及联动响应，提速抢险处置高效，成功防范了多起类似强降雨事件，成功经验总结如下：

一是提前部署、压实责任，全员备战防汛机制。制定"十二个一"防汛防台督查指导标准，县四套班子领导按照标准对联系乡镇进行督查指导，县防指总指挥提前入驻县防指，提级指挥强降雨防御工作，部署、指导开展重点区域风险排查、重点路段交通管控以及人员紧急避险等工作。持续深化县防指办应急"七有"制度，联动重点成员单位入驻指挥中心，落实研判会商、情况日报、预警"叫应"等机制，确保强降雨指挥信息畅通。充分发挥"1＋3＋N"网格力量，对危旧房、地质灾害点和地势低洼房屋等风险隐患区域的群众紧急"叫醒"，并及时组织转移，落实专人"盯住"。

二是提级预警联动响应，度汛举措全域落实。相关部门及时发布强降雨预警，实现预警多频次、全覆盖。在强降雨防御中，通过全网发布强降雨防范信息，向全县166个重点村发布山洪灾害监测预警信息，实现预警信息点对点一键直达基层。围绕防汛防台"八张风险清单"管控要求，全程紧盯重点领域、关键环节，第一时间组织县、乡、村三级对关键部位开展全覆盖式隐患排查。

三是提速抢险处置高效，锚定重点全面复盘。强降雨防御中，汇聚各部门合力，抢险救灾、灾害恢复工作统筹推进。水利部门及时抢修供水设施，确保正常供水；交通部门清理塌方落石，确保道路通畅；规资部门完成千处重点区域巡查，落实临时管控措施；农业部门及时指导开展受灾农作物理赔工作；卫生部门灾后消杀一刻不停、不落一户。此外，针对两轮强降雨防御过程存在的短板和不足，县防指办召集相关成员单位、重点乡镇，及时开展复盘总结，梳理出问题清单，按照一问题一措施点对点交办，持续跟踪问题整改，确保把问题找准，整改到位。

第二节　预警细分、人员转移，上虞区山洪防御有条不紊

——绍兴市下管溪"9·13"山洪灾害预警避险

2022年9月13日，受第12号台风"梅花"影响，绍兴市上虞区普降暴雨。受强降雨的影响，14日，上虞区下管溪流域暴发山洪，沿线旧宅、四建等村庄不同程度受淹（图10-1和图10-2）。由于预警、叫应及时，决策科学果断，上虞区提前完成各级风险区人员的转移安置，成功避免了人员伤亡。本次实现成功避险，得益于以下五个方面：

图10-1　旧宅村洪水淹没现场　　　　图10-2　四建村遭遇洪水现场

一是及时修订区、乡、村三级山洪灾害防御预案，落实有关部门、单位、人员的职责，提高预案的针对性和实操性。在应对山洪灾害过程中，及时修订预案是关键的一步。上虞区通过修订区、乡、村三级山洪灾害防御预案，确保各级单位和相关责任人能够明确自己的职责和行动方案。此举提高了预案的针对性和实操性，使应急响应更加高效和灵活。修订后的预案充分考虑当地的地理特点、历史灾情经验和台风、暴雨的特殊影响，确保针对性措施能够及时启动。

二是开展以小流域为单元的山洪灾害精细化调查评价，全面摸清山洪灾害风险底数，并动态更新。上虞区通过开展以小流域为单元的山洪灾害精细化调查评价，实现了对山洪灾害风险的全面摸清，并能够进行动态更新。这个过程包括对流域地貌、降雨分布、河道情况、水文特征等方面进行详细调查和分析，以获得准确的风险评估数据。通过精细化调查，上虞区能够更好地了解潜在灾害隐患和薄弱环节，为科学防御提供有力依据。

三是实施分级分区管理，充分考虑防洪能力、汇流时间、人口结构、水利工程隐患等要素划分防御等级，明确不同等级的防御措施。上虞区在山洪防御中实施了分级分区管理，充分考虑了多个要素。通过综合考虑防洪能力、汇流时间、人口结构、水利工程隐患等因素，将不同地区划分为相应的防御等级。并针对每个等级制定了明确的防御措施，确保在不同风险程度下能够采取相应的防御策略。这样的科学划分和明确指导，在实际应急

中提供了清晰的行动指引，有效地分配资源和人员。

四是细分山洪预警等级范围，实施人员梯度转移。针对山洪灾害，上虞区将预警等级范围进行了细分，以更准确地预测、报警和应对。细分山洪预警等级范围能够让有关人员更好地了解预警等级的具体意义和应对措施，做到心中有数。同时，针对不同等级预警，实施人员梯度转移，即根据预警等级将人员分批有序地进行转移。这一举措有效地保障了人员的安全，降低了应急转移的紧迫程度，减少了混乱和事故的发生。

五是台风期间山洪灾害预警、叫应、转移环环相扣，科学延长灾害预见期，做到人员应转尽转、应转早转，切实打好山洪防御主动仗。上虞区在台风期间山洪防御中，做到了预警、叫应和转移的环环相扣，形成了一套完整的应对体系。此体系能够科学延长灾害的预见期，提供更多的时间进行准备和应对。在这个体系中，上虞区确保人员能及时响应、及时转移，做到人员应转尽转、应转早转。通过这种主动的山洪防御战略，上虞区成功避免了人员伤亡，最大限度地减轻了灾害造成的损失。

第三节　预警管控到位　防汛处置快速有效
——义乌市廿三里街道联五村应对"6·29"小流域山洪

2022年6月29日下午，梅雨结束的第三天，义乌市廿三里街道联五村附近遭近百年一遇极端暴雨袭击，3h累计雨量达134.7mm，其中60min高达112.5mm，引发了小流域山洪（图10-3）。因预警处置及时有效，成功转移鲍寺、里屠、外屠村群众401人，营救被困森林公园内的游客12人，实现了"不死人、少伤人、少损失"的目标。本次小流域山洪防御成功，得益于三个方面：

一是预警到位，传递渠道畅通。市气象台提前6h连续3次预报局地短时强降雨天气，针对廿三里街道先后于17时55分发布暴雨橙色预警信号、18时10分发布暴雨红色预警信号，市防指立即电话"叫应"廿三里街道主要领导，提示做好各项防范措施，为开展人员转移留足宝贵时间。

二是指挥高效，部门快速联动。市防指根据廿三里街道联五村区域实际情况及被困森林公园游客报警信息，快速调度市消防救援支队50人、公安特警20人前往增援；水务、自规等部门及时发布人员转移指令，并开展相关技术指导；廿三里街道指挥部统筹专职消防队、派出所、建设办、交通所等力量，分别开展大型机械调配、人员转移、被困人员救援等工作，2h内疏通受倒伏树木和小型滑坡影响的进村道路，对鲍寺村2名不肯转移人员进行针对性劝说转移，保证应对处置工作进行有序（图10-4）。

三是保障到位，群众避险有序。全市防汛防台体系完善，责任落实到底到人，所有村（社区）均标准配备"三大件""四小件"以及各类相关抢险物资，前期隐患及风险区排查到位。同时，廿三里街道在5月底前组织了应急演练、科普宣传等工作，提升了镇村相关人员特别是村两委人员应对强降雨的处置能力，增强了群众避险意识。强降雨期间，工作人员穿戴"四小件"，有序进入停电山区村开展救援及人员转移，自身安全有效保障。

图 10-3　受灾公路　　　　　　　　　图 10-4　救援现场

第四节　"三包"责任起作用，全员上岗促防范
——开化县华埠镇华东村山洪灾害预警避险

2022年6月19日，开化县华埠站3h降雨63.5mm，开化县山洪灾害监测预警系统自动发送预警短信至华埠镇、华东村山洪防御责任人。收到预警短信后，镇、村两级责任人巡查发现1户房屋存在安全隐患后，果断组织屋内3人转移。2h后该房屋倒塌（图10-5）。由于预警及时、转移到位、管控有效，成功避免了人员伤亡。此次成功防范，得益于以下三个方面：

图 10-5　倒塌房屋现场

一是充分发挥"三包"作用。严格落实"县领导包乡、乡领导包村、村干部包户到人"工作责任制,19日,县四套班子领导全部下沉联系镇村,靠前指挥。防指各成员单位实行战时应急,全员值班、全员上岗,乡镇党政正职轮流带班,网格员、驻村联村干部全部入网进格,一线巡查。

二是迅速传递预警信息。接收到山洪灾害预警信息的镇、村干部迅速通过电话、短信、微信群第一时间将预警信息下传到村(社)网格员。网格员"以雨为令"立即行动,以应急广播、移动喇叭、上门通知等方式将预警信息传递到户到人,实现全覆盖、无遗漏。

三是拉网式巡查排查。针对山塘水库、小流域山洪易发区、地质灾害隐患点和风险防范区、低洼易涝区、河道及沿线、危旧房、在建工地等风险区域开展拉网式巡查排查,做到"不漏一处,不漏一户,不漏一人"。特别是老幼病残等重点人群,重点关注,重点排查。发现危险征兆,第一时间果断转移受威胁的群众到安全区域,累计转移群众461人,并全部由乡镇村社干部同吃同住同转移,确保了群众安全。

第五节 指南出台、岗位到位,龙游县山洪防御科学有序

——衢州市龙游县"8·15"山洪灾害预警避险

2021年8月15日16时,龙游县普降暴雨,龙游县林业水利局值班人员在监测到强降雨后,立即在全县预警员微信群发布信息,督促有关村级预警员到岗巡查,及时反馈实地降雨和河道水位情况。17时,部分沿河村落降雨触发山洪监测预警,预警平台立即向相关责任人发送预警信息。与此同时,双戴村预警员根据配备的简易雨量警报器显示内容,向县林业水利局报送2h累计雨量达108mm的信息。龙游县林业水利局再次发出预警,并立即组织技术人员赶赴沐尘乡,与县、乡干部一起迅速组织人员转移,30min内将71户95名群众全部转移至避灾安置点。不久,沐尘乡三源岭水山洪暴发(图10-6),部分农田被淹、房屋进水。由于预警及时,转移彻底,山洪没有造成人员伤亡。本次龙游县山洪灾害防御成功,得益于以下五方面:

一是出台《龙游县山洪灾害防御工作指南》,规范山洪灾害防御各项工作并明确部门、基层责任,推动山洪灾害预警及应急联动机制落实落地(图10-7)。《龙游县山洪灾害防御工作指南》的出台是龙游县山洪灾害防御的重要举措。这一指南规范了山洪灾害防御的各项工作措施,明确了各职责部门和基层单位的责任分工。通过指南的发布,整个防洪体系得到有效的组织和管理,各级部门和人员可以按照统一的标准和流程进行工作,提高了工作效率和应急响应的速度。同时,该指南还推动山洪灾害预警和应急联动机制的实施,确保预警信息能够及时准确地传达到相关人员和社区,提高了防洪工作的整体响应能力。

二是逐村划定警戒水位、危急水位,强化现地预警员预警。为了提高山洪灾害的预警能力,龙游县在每个村庄逐村划定了警戒水位和危急水位。这种逐村划定的方式能够充分考虑到不同地区的地理特点和历史灾情,确保了预警水位的准确性和针对性。与此同时,

图 10-6　沐尘乡三源岭水山洪暴发现场

图 10-7　龙游县山洪灾害防御工作指南

龙游县还加强了预警员的培训和配备，提高其预警技能和观测能力。一旦水位超过预警水位，预警员可以第一时间进行预警，通知相关责任人和居民，提高了人们对山洪灾害的警觉性和应对能力。

三是及时更新山洪防御对象清单和责任人清单，开展阈值复核，做到底子清、情况明。龙游县及时更新山洪防御对象清单和责任人清单，确保信息的准确性和有效性。通过不断更新，可以及时将新建的建筑物、水利工程、人口等纳入防御对象范围内，并及时核实和调整清单，确保底子清、情况明。这样做的好处是能够全面了解到山洪灾害的潜在风险，为制定防洪措施和应急预案提供准确的依据。

四是在每个山洪灾害危险区设立标牌标识，向居民发放转移避险卡、宣传册，提升群众自救互救能力。龙游县通过在山洪灾害危险区设置标牌标识，提醒居民注意风险及其防范措施。同时，还向居民发放转移避险卡和宣传册，让居民了解转移避险的重要性，并提供了相应的自救互救知识和指导。这种主动的宣传和教育措施可以提高居民的防灾意识和自我保护能力，促进整个社区防洪合作和互助精神的形成。

五是预警及时、响应快速、联动高效，实现山洪灾害精准预警到村到人，果断组织转移不漏一户一人。在龙游县山洪灾害防御中，预警的及时性、响应的快速性以及联动的高效性起到了关键作用。通过建立完善的预警系统和通信网络，山洪灾害的预警信息能够准确传达到每个村庄和每户居民。龙游县林业水利局在接到预警信息后，立即组织技术人员赶赴沐尘乡，并与县、乡干部协同工作，迅速组织人员转移。在此次山洪灾害中，仅用30min的时间就将71户95名群众转移至避灾安置点，保障了人员的安全。这得益于预警及时、响应迅速的优势以及各相关部门的紧密配合。

第六节 "三联工程"筑起抢险救灾安全防线

——2020年6月江山市峡口镇成功避险山洪泥石流灾害

2020年6月30日下午三点半，受强降雨影响，江山市峡口镇华山底自然村河道边的房屋全部进水，70岁的娄章表夫妇尚未转移，危在旦夕。危急时刻，两名基层干部奋不顾身，冲进正在摇晃的房子，迅速救出两位老人并安全撤离。这样的事例在当地应对山洪泥石流等自然灾害的过程中屡见不鲜，成功避险背后的保障是江山市近年来推出的创新举措——"三联工程"。

"三联工程"是江山市近年来推进基层治理体系和治理能力现代化过程中推出的创新举措，以组团联村、两委联格、党员联户为主要联动措施，这一举措也在基层防汛体系中发挥了巨大作用。2020年6月30日中午，江山市峡口镇突遭强降雨，进而引发了山洪滑坡泥石流灾害，严重威胁了全镇人民群众的生命安全。当地政府凭借"三联工程"机制的保障，及时传达灾害预警信息，提前组织群众转移，第一时间开展抢险救援，成功应对险情，全镇未发生一起因强降雨造成的人员伤亡事故。总结此次险情应对过程，有以下做法值得借鉴：

第一，精准监测预警，上传下达加速度。收到强降雨预报后，江山市防指组织应急、气象、水利、资规、住建等部门全天候驻点会商研判。6月30日凌晨3时30分，江山市防指根据水雨情变化向各级各部门陆续发布综合预警、镇域响应等有效指令共14条，并于5时30分启动市防汛Ⅳ级应急响应，点对点指导镇、村"两级"开展防汛抢险应对工作。在此过程中，"组团联村"的效果得以彰显，市、县机关党员干部下沉到一线，一人一村担任组团成员，在接收上级部门预警信息、了解村庄具体情况并向上级部门反馈、高效组织村庄防汛工作等方面发挥了重要作用。

第二，组团联村巡防，抢险救灾有力度。组团联村、两委联格的机制为基层抢险救灾注入了一支"强心剂"。一是面对突发强降雨，市、镇、村三级网格联合行动，遵循"县领导包乡、乡领导包村、村干部包户到人"的责任制要求采取一系列有效措施，最终成为大峃口险情处置的"主心骨"。二是在村党支部的基础上进一步下沉一级，全面建立网格支部，村（社）两委干部全部入格服务，在一线带头攻坚。

6月30日下午2时，在接到大峃口村突发险情的第一时间，江山市领导亲赴现场指挥救援，镇、村网格员按网格片区，分头带领救援队伍逆流而上，逐一开展"拉网式"排查。江山市防指指派红十字救援队共48人携带救援装备赶赴现场，和峡口镇组团联村成员、应急民兵、志愿党员、专业救援队近200人的救援力量一同徒步前往各自然村开展抢险救灾工作。在受灾最严重的东坑村，救援队涉水徒步7km奔赴救灾一线，最终成功转移破窗上山躲避洪水的5名村民，并成功施救掉入湍急洪水的1名村民。

第三，党员联户救援，应转尽转重效度。"三联工程"中的党员联户在群众转移中发挥了主要作用，每名党员就近联系8～10户群众，了解掌握群众户情，在发生自然灾害的危急时刻可以迅速组织并帮助群众转移。例如，在此次险情中，峡口镇成功转移处于危险地带的94户共198名大峃口村民，并从死亡线上挽救了11名受困村民。联户党员对所负责的村民情况了解更为清楚，能第一时间掌握户情并展开救援，例如，本节开篇的案例中，两名救援人员中有一位就是老党员蔡卫国，他们刚刚将娄章表夫妇救出，房屋即被冲毁。倘若救援延误片刻，后果将不堪设想，这一案例充分展现了党员联户机制的优越性。

第七节　"三到位"跑赢山洪
——2019年宁波鄞州区东吴镇三塘村"8·10"小流域山洪防御

2019年8月10日凌晨6点，受台风"利奇马"影响，一场百年一遇的局地暴雨袭击了鄞州区东吴镇三塘村，山洪暴发。位于暴雨中心的下三塘站过程降雨量达544mm，其中最大1h雨量104mm，最大1h、3h、24h雨量各历时暴雨重现期均达到百年一遇，实为罕见。但在山洪暴发之前，三塘村基层干部提前组织撤离危险区村民147人，没有造成人员伤亡。成功防御背后，主要有以下经验值得借鉴：

一是精准预警到位，吹响山洪防御"侦查哨"。在台风暴雨来临前，宁波市级山洪灾害监测预警平台（实施跟踪天气雷达监测信息、未来降雨数值预报数据，每10min作一次分析），及时向东吴镇、三塘村山洪灾害防御责任人发出了气象预报预警短信，有效延长了山洪预见期，为基层防御争取了更多时间。三塘村党支部将台风预警信息通过广播、电子显示屏等方式传达到每位村民，同时要求各级网格责任人对溪沟及村上游的山塘进行巡查监测，一旦发现险情及时预警。10日凌晨4—5时，雨量不断加大，来自鄞州区级监测预警平台的实时监测预警短信不断发送到三塘村支书陈满标的手机上，提醒组织危险区人员转移。

二是干部履职到位，当好基层防御"排头兵"。基层干部陈满标在收到预警短信后，巡查人员向他报告"溪坑水位上涨很快，已经快漫过村中的桥。"陈满标敲响铜锣，带着

图 10 - 8 三塘村挨家挨户转移危险区人员

6 名应急队员挨家挨户敲门提醒，将处于危险区的 147 人全部紧急撤离到安置点。6 时许，暴雨裹挟着泥沙从村后冲刷而下，约半米深的泥石洪流沿着村道路肆虐，周边 60 多户房屋进水，最深达 1.2m，幸亏及时转移了人员，否则，后果不堪设想。

三是群众配合到位，共筑防灾避险"生命线"。三塘村能够在 1h 内成功转移 147 名危险区群众，没有出现因拒绝转移而耽误时机的情况，离不开群众的自觉配合。村民们在收到预警信息和村干部提醒后，知道"预警来了可不是开玩笑"，因此在村党员干部、应急队员和农业合作社负责人蹚水赶往三塘溪沿溪村民家中组织撤离时，村民自觉迅速顺从撤离，成功避免了人员伤亡（图 10 - 8）。

第八节　干部下沉一线　群众成功避险

——2019 年衢州市衢江区洋坑村"8·10"山洪泥石流灾害成功避险

受台风"利奇马"影响，2019 年 8 月 9 日 13 时至 10 日 17 时，衢州市衢江区举村乡洋坑村累计降雨量达 504mm，山洪暴发，泥石流倾泻而下，全村房屋受损 48 户，山体塌方滑坡 12 处（图 10 - 9），道路、供电、通信中断（图 10 - 10）。由于责任落实到位、预警及时、处置得当，危险区域的 78 名群众、游客得到安全转移，成功避免了人员伤亡。本次成功避险的主要经验是：

图 10 - 9　山洪暴发，洋坑村山体塌方滑坡达 12 处

图 10 - 10　洋坑村电力受损，供电、通信中断

一是责任落地落实、及时部署。在多次成功应对突发自然灾害的基础上，浙江省总结出了"县领导包乡、乡领导包村、村干部包户到人"的防汛防台责任制，真正推动干部下沉、工作上提。衢江区充分依托衢州市推行的组团联村、两委联格、党员联户的"三联工程"组织体系，层层压实责任、传导压力，及时有序转移全部危险地带的村民和游客。根据预报，8 月 10 日举村乡有小时降雨 40mm 以上的强降雨且持续时间较长。举村乡联村

总领队、区人大常委会主任耿建新9日连夜赶赴举村乡，当晚迅速召开全乡防台部署会，分解任务，安排防御。

二是干部下沉一线、有力转移。9日晚在动员部署会后，各网格长、网格员逐户告知防台要求，转移危险地带群众坚决有力，基层网格作用有效发挥。10日凌晨6时，举村乡人武部长、洋坑村组团联村团长吴岳红，网格员郭有良赶到洋坑村，对网格长、网格员、联户党员布置分工劝离群众。9时40分，沿河31名村民全部转移至洋坑中心村安置点。

三是网格员相机决策、扩面转移。基层网格员乡情熟、地形熟、人头熟，关键时刻灵活应对，可最大程度保障人员安全。10日10时，雨势增大，吴岳红提出将处于可能发生险情地带的25名村民尽快转移至半山凉亭应急避难点。10时35分，已怀孕7个月的村两委干部、专职网格员蓝青带领网格内7名村民，全部转移至应急避难点，期间提醒民宿业主，成功劝返游客。11时10分，网格员缪法美带领网格内18名村民，全部转移至应急避难点。13时20分，洪水泥石流暴发，发生山体滑坡，25名村民房屋和民宿瞬时被冲毁、掩埋，若没有及时转移，后果不堪设想。13时40分，吴岳红、郭有良带领半山凉亭应急避难点进行二次转移，因道路中断，只能绕道山间小路（图10-11），于15时安全转

图10-11 村干部下沉一线组织人员转移

移至洋坑中心村安置点。至此，共78名群众得到安全处置，其中安全转移村民56名，劝返游客22名。

第九节　防汛演练增强实战能力
——2015年遂昌县新路湾"7·17"特大山洪零伤亡

一场"真枪实弹"的演练，带来50天后人们身陷危难时的从容应对。

2015年6月7日入梅后，遂昌县连续遭受多轮系统性强降雨袭击。7月17日夜间，遂昌县西部、北部多个乡镇再次遭遇局地短历时强降雨袭击，暴雨强度约为20年一遇。新溪源、社杨源小流域山洪暴发（图10-12），30余处发生山体滑坡、塌方等地质灾害，溪河水位快速上涨，丙庄、白益坞、内坞源等沿河村庄多数进水，37间房屋倒塌，151间严重受损，交通、供电、通信中断，但未发生人员伤亡，演练效果立竿见影。

一是干部群众灾害意识不断增强。就在入梅前的5月29日，遂昌县防指在新溪村开展了一次山洪灾害防御演练，新溪村全体村民都参加，其他镇村的防汛责任人也前来观摩。演练针对性地设置了责任人到岗就位、预警发布、人员紧急转移、应急救援等山洪灾害防御的关键环节，实地模拟灾害现场及应急处置场景，有条不紊地开展监测预警、人员转移及抢险救援等工作，增强了干部群众应对突发灾害的能力。

二是群众自防自救能力显著提高。事发当晚，家住山脚的潘炳洪夫妇正准备睡觉，眼

见窗外雨势越来越大，隐隐听见洪水咆哮声，他们立马警觉起来，简单收拾后离开自家房屋，并通知其他村民主动撤离危险地带。不少村民第一时间打电话给村干部报告雨情，询问应对办法。事后村民纷纷表示："演练时顺着这条路往山上跑，我们也沿这条路跑""如果没有演练，我们往哪里逃都不知道"。山洪灾害防御演练让群众参与其中、现场实战，切实掌握了避灾的流程和要点，时刻绷紧了"自防自救"这根生命弦（图10-13）。

图 10-12 "7·17"山洪淹没新溪村，无一人伤亡　　　　图 10-13 山洪灾害防御演练现场

三是基层责任人履职能力进一步提升。通过有效的演练，基层责任人充分掌握自身职责所对应的实战技能，避免危难时刻的"本领恐慌"。灾难来临，镇村各级各类防汛责任人迅速进岗，以自然村为网格组织开展溪河水位、工程及各类隐患的巡查检查。广大党员干部、村级水务员等防汛责任人守土尽责，在洪水中挨家挨户通知，及时转移解救受困群众。内坞源自然村89岁老人应樟云行动不便，村干部合力从屋顶将其转移。所有山洪危险区、地质灾害点、危旧房相关人员、孤寡老人及留守儿童都全部转移到位，成功安全转移786人，创造了重大灾情无一人死伤的奇迹。

第十节　"孤岛"中的农家乐游客
——2012年第11号台风"海葵"安吉山区农家乐险情

台风侵袭，暴雨突击，山洪暴发，道路冲毁，桥梁坍塌，交通、电力、通信相继中断，数千名农家乐游客被困山区（图10-14）。这是2012年第11号强台风"海葵"给安吉山区带来的惊险一幕。

受台风"海葵"影响，安吉县多处发生山洪泥石流灾害，来自长三角的大量游客被困。在上墅乡董岭村，进山道路罗董线损毁严重，导致1638名游客深陷困境。更为惊险的情况发生在邻近的报福镇石岭童家场——通信中断，无法向外求救，692名游客仿若置身"孤岛"，直到外界看到裹挟着煤气罐、家具的洪水，才意识到石岭的险情。这场过程惊心动魄、未造成人员伤亡的"孤岛"救援（图10-15）带给我们以下经验启示：

一是"乡自为战，村自为战"，"外援"到来前及时自救。狂风暴雨给上墅乡董岭村、报福镇石岭村基础设施带来重创，形成"孤岛"。灾害发生时间短、变化快，外界救援有滞后性，"外援"到来前受灾乡村及时自救是降低伤亡的关键。"乡自为战，村自为战"，

图 10 - 14　报福镇石岭桥梁坍塌 数百人被困

图 10 - 15　铺设钢架桥撤离受困游客

一个乡村就是一个坚强的战斗堡垒，在交通、电力、通信等全断的极端不利条件下，村、组干部及群众构成了严密的防御网，环环相扣、严丝合缝，实现人员到位、转移到位、生活有序。

二是网格员知责尽责，站好岗吹好哨。有效落实责任，及时转移避险，才能"与灾难赛跑"。当地游客以都市老年人休养游为主，居住时间长，对灾害的突发性、危险性认识不足，缺乏山洪地质灾害防御知识和风险防范这根"弦"，需要基层责任人及时告知引导。基层网格员了解当地实际，熟知风险点和避灾流程，灾害发生时及时预警、果断处置，可有效保障安全。如报福镇石岭村网格责任人郭美娇逐户统计旅居人员名单，详细说明台风来时注意事项、风险隐患；网格责任人王为林时刻关注河道水位变化，发现水位暴涨时，迅速通知大家有序转移。

三是农（渔）家乐安全管理暴露隐患，需避免出现防御"盲区"。近年来，全省农（渔）家乐乡村旅游发展快、势头猛，成为山区农民、海边渔民致富的重要手段，但在带来可观效益的同时，也带来很多安全隐患。一方面，农（渔）家乐大多建于河边、湖库边、山边、海边等"四边"区域，与山洪地质灾害易发区高度重叠；另一方面，山区农（渔）家乐的暑期旅游旺季与台风、局地强降雨多发季高度重叠。"海葵"带来的农家乐险情，暴露出农（渔）家乐在防汛防台等安全管理中存在薄弱环节，需对症下药，加强整顿，提高农（渔）家乐准入门槛，强化安全管理规范。

第十一节　责任落底落细　基层党员显担当

——2010 年淳安县木花坑村"6·18"山洪地质灾害

2010 年 6 月 17 日，浙江入梅的第一天。当晚到次日凌晨，淳安东南部地区下起瓢泼大雨，枫树岭镇木花坑村暴雨量达 263.5mm，是全县降雨量最大的区域。罕见的特大暴雨引发百年不遇的山洪地质灾害，一时间河水暴涨，吞噬庄稼、倾覆房屋、损毁家园，交通、电力、通信瘫痪……遭受重创的木花坑村，倒塌住房 22 幢、附房 27 间，全村几乎被夷为平地（图 10 - 16）。尽管家园被毁（图 10 - 17），但全村 124 户 336 人却在灾害到来前及时撤到了安全地带，未造成人员伤亡，主要是因为木花坑村党员干部始终把防汛防台责任记在心里，扛在肩上，在灾害来临时冲锋在前，担当起抗洪抢险的"主心骨"，充分

147

发挥基层党组织战斗堡垒和党员干部先锋模范作用。

图 10 - 16　山洪裹挟房屋冲入河道　　　　图 10 - 17　山洪冲毁河岸留下的"伤痕"

一是党员干部警觉性高，"身在外地心在村"。山洪来临前，村党支部书记黄国强正在杭州参加培训，17 日接到气象短信后，18 日凌晨 4 点拨通村里电话问询雨情，布置抗洪工作，同时嘱托身为预警员的爱人汪小凤全力转移疏散群众。此外，老党员、退伍军人黄国金也十分警觉，凌晨 1 点起关注暴雨走势，5 点钟给全村党员打电话，提醒大家注意；村主任方建军凌晨 1 点多开车进村了解情况，但道路受阻。"天上下大雨，地下在喷水，村里所有的大门都被洪水推开，关不上。"村民们暗自后怕。正是依靠这些警觉性高、高度负责的党员干部及时预警，全力做好基层防汛防台工作，才成功战胜山洪地质灾害。

二是安全转移绝不遗漏，"讲究方法巧激将"。随着基层预警体系的完善，木花坑村落实了山洪灾害预警责任人和预警员，预警信息延伸到了基层。接到预警信息后，所有党员干部做好抗洪抢险的准备。凌晨 4 点，汪小凤和其他几名预警员挨家挨户打电话、敲门劝导全村 124 户村民向高处的山上撤离；部分人员电话联系不上，村干部詹家灯冒险前往通知转移；防火员刘北方拿着森林防火的大喇叭将村民喊醒，对一些不配合的人，情急之下用言语将其激起……不到 5 点，全村村民开始向后山紧急撤离。

三是人命关天以身涉险，"时刻聆听呼救声"。大灾突如其来，木花坑村干部和普通党员全力以赴转移群众，担当起抗洪抢险的"急先锋"。一些村民认识不到危险，自以为站在屋子后面很安全。危急时刻，党员干部决定将所有老人和孩子都背到后山，其他人随即跟随。村民徐谷昌和 85 岁的老母亲被洪水围困，老党员黄国金听到呼救，冒着被洪水冲走的危险，打破窗户救出他们，泥房在洪水下完全坍塌。一次次冲进洪水解救被困群众，党员干部成为守护群众的"坚强堡垒"，7 点左右，惊魂未定的村民们都被转移到了安全地带。

参 考 文 献

ACOSTA‑COLL M, BALLESTER‑MERELO F, MARTINEZ‑PEIRÓ M et al, 2018. Real‑Time Early Warning System Design for Pluvial Flash Floods—A Review [J]. Sensors, 18: 2255.

AMINI A, DOLATSHAHI M, KERACHIAN R, 2022. Adaptive precipitation nowcasting using deep learning and ensemble modeling [J]. Journal of Hydrology, 612: 128197.

AROCA‑JIMÉNEZ E, BODOQUE J M, GARCÍA J A, 2023. An Integrated Multidimensional Resilience Index for urban areas prone to flash floods: Development and validation [J]. Science of The Total Environment: 164935.

HE BINGSHUN, HUANG XIANLONG, MA MEIHONG, et al, 2017. Analysis of flash flood disaster characteristics in China from 2011 to 2015 [J]. Natural Hazards, 90 (3): 1–14.

BARRAQUÉ, B, 2017. The common property issue in Flood control through land use in France [J]. Journal of Flood Risk Management, 10 (2): 182–194.

BHUIYAN T R, ER A C, MUHAMAD N, et al, 2022. Evaluating the cumulative costs of small‑scale flash floods in Kuala Lumpur, Malaysia [J]. Journal of Hydrology, 612: 128181.

BI SHENG, SONG LIXIANG, ZHOU JIANZHONG, et al, 2015. Two‑Dimensional Shallow Water Flow Modeling Based on an Improved Unstructured Finite Volume Algorithm [J]. Advances in Mechanical Engineering, 7 (8): 1–13.

BRATH A, MONTANARI A, TOTH E, 2002. Neural networks and non‑parametric methods for improving real‑time flood forecasting through conceptual hydrological models [J]. Hydrology and Earth System Sciences, 6 (4): 627–639.

CAI J, ZHU J, DAI Q, et al, 2020. Sensitivity of a weather research and forecasting model to downscaling schemes in ensemble rainfall estimation [J]. Meteorological Applications, 27 (1): 1806.

CHRISTOS K, SIAMAK M. WF‑UNet: Weather Data Fusion using 3D‑UNet for Precipitation Nowcasting [J]. Procedia Computer Science, 2023, 222.

CZIBULA G, MIHAI A, CZIBULA I G, 2020. RadRAR: A relational association rule mining approach for nowcasting based on predicting radar products' values [J]. Procedia Computer Science, 176: 300–309.

DE LUCA D L, CAPPARELLI G, 2022. Rainfall nowcasting model for early warning systems applied to a case over Central Italy [J]. Natural Hazards, 112 (1): 501–520.

DIAKAKIS M, ANDREADAKIS E, NIKOLOPOULOS E I, et al, 2018. An integrated approach of ground and aerial observations in flash flood disaster investigations. The case of the 2017 Mandra flash flood in Greece [J]. International Journal of Disaster Risk Reduction, 33: 290–309.

GÖKBULAK F, ŞENGÖNÜL K, SERENGIL Y, et al, 2015. Comparison of rainfall‑runoff relationship modeling using different methods in a forested watershed [J]. Water resources management, 29: 4229–4239.

HU XIAOZHANG, SONG LIXIANG, 2018. Hydrodynamic modeling of flash flood in mountain watersheds based on high‑performance GPU computing [J]. Natural Hazards, 91 (2): 567–586.

IBARRECHE J, AQUINO R, EDWARDS R M, et al, 2020. Flash Flood Early Warning System in

Colima, Mexico [J], Sensors, 20, 5231.

JONSTHAN J, GOURLEY, ZACHARY L, et al, 2017. The flash project: improving the tools for flash flood monitoring and prediction across the United States [J]. Bulletin of the American Meteorological Society, 98 (2): 361 – 372.

JOSÉ I. Barredo, 2007. Major flood disasters in Europe: 1950 – 2005 [J]. Natural Hazards, 42 (1): 125 – 148.

LEBEDEV V, IVASHKIN V, RUDENKO I, et al, 2019. Precipitation nowcasting with satellite imagery [C]. Proceedings of the 25th ACM SIGKDD international conference on knowledge discovery & data mining: 2680 – 2688.

LIU C, GUO L, YE L, et al, 2018. A review of advances in China's flash flood early – warning system [J]. Natural Hazards, 92 (7): 619 – 634.

LIU T, WANG Y, YU H, et al, 2022. Using statistical functions and hydro – hydraulic models to develop human vulnerability curves for flash floods: the flash flood of the Taitou catchment (China) in 2016 [J]. International Journal of Disaster Risk Reduction, 73: 102876.

MANDAPAKA P V, GERMANN U, PANZIERA L, et al, 2012. Can Lagrangian extrapolation of radar fields be used for precipitation nowcasting over complex Alpine orography? [J]. Weather and Forecasting, 27 (1): 28 – 49.

MARZANO F S, MUGNAI A, TURK F J, 2002. Precipitation retrieval from spaceborne microwave radiometers and combined sensors [J]. Remote sensing of atmosphere and ocean from space: Models, instruments and techniques: 107 – 126.

MOGIL H M, MONRO J C, GROPER H S, 1978. NWS flash flood warning and disaster preparedness programs [J]. Bulletin of the American Meteorological Society, 59 (6): 690 – 699.

NIZAR S, THOMAS J, JAINET P J, et al, 2022. A Novel Technique for Nowcasting Extreme Rainfall Events using Early Microphysical Signatures of Cloud Development [J]. Authorea Preprints.

ROZALIS S, MORIN E, YAIR Y, et al, 2010. Flash flood prediction using an uncalibrated hydrological model and radar rainfall data in a Mediterranean watershed under changing hydrological conditions [J]. Journal of Hydrology, 394 (1 – 2): 245 – 255.

WESTRA S, 2014. Future changes to the intensity and frequency of short – duration extreme rainfall [J]. Reviews of Geophysics, 52 (3): 522 – 555.

SHRESTHA D L, ROBERTSON D E, WANG Q J, et al, 2013. Evaluation of numerical weather prediction model precipitation forecasts for short – term streamflow forecasting purpose [J]. Hydrology and Earth System Sciences, 17 (5): 1913 – 1931.

SHUKLA B P, KISHTAWAL C M, PAL P K, 2017. Satellite – based nowcasting of extreme rainfall events over Western Himalayan region [J]. IEEE Journal of Selected Topics in Applied Earth Observations and Remote Sensing, 10 (5): 1681 – 1686.

TREBING K, STAŃCZYK T, MEHRKANOON S, 2021. SmaAt – UNet: Precipitation nowcasting using a small attention – UNet architecture [J]. Pattern Recognition Letters, 145: 178 – 186.

WANNACHAI A, ARAMKUL S, SUNTARANONT B, et al, 2022. HERO: Hybrid Effortless Resilient Operation Stations for Flash Flood Early Warning Systems [J]. Sensors, 22, 4108.

WEN – BING J, 2024. Implementing advanced techniques for urban mountain torrent surveillance and early warning using rainfall predictive analysis [J]. Urban Climate, 53: 101782.

WENJING LI et al, 2019. Risk assessment and sensitivity analysis of flash floods in u ngauged basins using coupled hydrologic and hydrodynamic models. Journal of Hydrology, 572: 108 – 120.

YAO Q, XIE J, GUO L, 2016. Analysis and evaluation of flash flood disasters: a case of Lingbao county of Henan province in China [J]. Procedia Engineering，154：835 - 843.

YUAN J，HOUZE R A，2010. Global Variability of Mesoscale Convective System Anvil Structure from A - Train Satellite Data [J]. Journal of Climate，23 (21)：5864 - 5888.

ZENG Z，TANG G，LONG D，et al，2016. A cascading flash flood guidance system：development and application in Yunnan Province，China [J]. Nat Hazards 84：2071 - 2093.

ZHANG R，LIU D，DU E，ET AL，2024. An agent - based model to simulate human responses to flash flood warnings for improving evacuation performance [J]. Journal of Hydrology，628，130452.

安婷，2012. 基于 DEM 的集总式水文预报模型产流结构生成 [J]. 水文，32 (6)：1 - 5.

白音包力皋，丁志雄，2006. 日本城市防洪减灾综合措施及发展动态 [J]. 水利水电科技进展 (3)：82 - 86.

包红军，李致家，王莉莉，等，2017. 基于分布式水文模型的小流域山洪预报方法与应用 [J]. 暴雨灾害，36 (2)：156 - 163.

包红军，王莉莉，李致家，等，2016. 基于 Holtan 产流的分布式水文模型 [J]. 河海大学学报：自然科学版，44 (4)：340 - 346.

曹春燕，陈元昭，刘东华，等，2015. 光流法及其在临近预报中的应用 [J]. 气象学报，73 (3)：471 - 480.

曹飞凤，何秉顺，2012. 浙江省山洪灾害防治非工程措施建设现状与对策研究 [J]. 中国水利，699 (9)：57 - 59.

曹飞凤，张丛林，韩伟，等，2023. 应急预案与演练 [M]. 北京：应急管理出版社.

曹勇，刘凑华，宗志平，等，2016. 国家级格点化定量降水预报系统 [J]. 气象，42 (12)：1476 - 1482.

曾钢锋，杨德全，2022. 浙江省椒江流域洪水预警预报系统的总体设计 [J]. 水电站机电技术，45 (8)：5 - 8.

曾国雄，何林华，唐宗仁，等，2022. 以统一数据底板构建标准锚定数字孪生流域建设目标 [J]. 中国水利，(20)：38 - 41.

曾志强，杨明祥，雷晓辉，等，2017. 流域河流系统水文-水动力耦合模型研究综述 [J]. 中国农村水利水电，419 (9)：72 - 76.

陈炼钢，施勇，钱新，等，2014. 闸控河网水文-水动力-水质耦合数学模型——Ⅱ. 应用 [J]. 水科学进展，25 (6)：856 - 863.

陈炼钢，施勇，钱新，等，2014. 闸控河网水文-水动力-水质耦合数学模型——I. 理论 [J]. 水科学进展，25 (4)：534 - 541.

陈明恩，汤杭森，林利通，2022. 山洪监测声光电一体化预警系统设计及应用 [J]. 水利信息化，(5)：57 - 61.

陈明轩，高峰，孔荣，等，2010. 自动临近预报系统及其在北京奥运期间的应用 [J]. 应用气象学报，21 (4)：395 - 404.

陈培佳，2017. 山洪灾害预警模型研究-以浙江省临安市为例 [D]. 杭州：浙江农林大学.

陈烨兴，陆小勇，周政杰，2021. 浙江省提升山洪灾害防御能力对策 [J]. 中国防汛抗旱，31 (12)：57 - 60.

程卫帅，2013. 山洪灾害临界雨量研究综述 [J]. 水科学进展，24 (6)：901 - 908.

崔鹏，2014. 中国山洪灾害特点与风险管理 [C] //中国生态文明研究与促进会. 中国生态文明研究与促进会.

邓成，夏军，佘敦先，等，2023. 基于水文水动力耦合模型的深圳市典型区域城市内涝模拟 [J]. 武汉大学学报（工学版），56 (8)：912 - 921.

丁春梅，何晓锋，万成杨，2010. 浙江省山洪灾害成因分析及防治对策 [J]. 人民黄河 32 (4)：

19－20.

丁留谦，郭良，刘昌军，等，2020. 我国山洪灾害防治技术进展与展望［J］. 中国防汛抗旱，30（9/10）：11－17.

董林垚，张平仓，任洪玉，等，2019. 山洪灾害监测预警技术研究及发展趋势综述［J］. 人民长江，50（8）：35－39，73.

董毅，2020. 便携式山洪灾害预警包的设计［D］，成都：成都理工大学.

范升彦，腾飞霞，2019. 应急预案与演练［M］. 北京：应急管理出版社.

方巍，齐媚涵，2023. 基于深度学习的高时空分辨率降水临近预报方法［J］. 地球科学与环境学报，45（3）：706－718.

冯传勇，张振军，2021. 大规模水下地形实时三维可视化技术研究［J］. 人民长江，52（11）：117－121.

付超，郭宇，郭金，2024. 数字孪生滦河工程"四预"平台建设研究［J/OL］. 水利信息化：1－9.

葛星，骆建雄，2018. GIS支持下的小流域山洪灾害风险区划分方法研究［J］. 中国农村水利水电，432（10）：170－176.

耿振云，徐寅生，王帅，2024. 数字孪生水利实践案例分析与创新思考［J］. 中国水利，（3）：39－43.

郭良，何秉顺，2019. 我国山洪灾害防治体系建设与成就［J］. 中国防汛抗旱，29（10）：16－19，29.

郭良，张晓蕾，刘荣华，等，2017. 全国山洪灾害调查评价成果及规律初探［J］. 地球信息科学学报，19（12）：1548－1556.

郭艳萍，高云，吕丙东，等，2023. 基于雷达回波光流场的天气预报数据误差识别［J］. 计算机仿真，40（4）：499－503.

韩臻悦，赖瑞勋，王金星，等，2023. 基于降雨径流关系的山洪动态临界雨量计算研究［J］. 水文，43（5）：12－17.

汉京超，王红武，张善发，等，2011. 城市雨洪调蓄利用的理念与实践［J］. 安全与环境学报，11（6）：223－227.

何秉顺，常清睿，凌永玉，2016. 日本中小河流山洪预报研究［J］. 中国防汛抗旱，26（6）：51－56.

何秉顺，郭良，许静，等，2017. 我国山洪灾害群测群防模式探讨［J］. 中国水利，（20）：26－30，50.

何秉顺，路江鑫，李昌志，等，2023. 山洪灾害防御的一些认识和概念的发展［J］. 中国防汛抗旱，33（6）：30－33.

何秉顺，马美红，李青，等，2021. 我国山洪灾害防治现状与特点探析［J］. 中国农村水利水电，（5）：133－138，144.

洪启宇，田原，2022. 信息技术在地震预警中的应用研究［J］. 中国电子科学研究院学报，17（9）：892－896.

胡昌伟，刘媛媛，刘舒，2012. 欧盟洪水风险图制作对我国的借鉴与思考［J］. 水利水电技术，43（12）：74－77.

胡健伟，孔祥意，赵兰兰，等，2022. 防洪"四预"基本技术要求解读［J］. 水利信息化，（4）：13－16.

黄家华，冯文凯，2023. 台风暴雨矿渣型泥石流形成机制与动力特征——以兴宁乌石坑沟泥石流为例［J］. 地质论评69，（4）：1387－1397.

黄喜峰，刘启，刘荣华，等，2023. 数字孪生山洪小流域数据底板构建关键技术及应用［J］. 华北水利水电大学学报（自然科学版），44（4）：17－26.

黄哲，韩路杰，金茹，等，2022. 浙江天目山区台风暴雨特征和成因分析 [J]. 气象科技，50（6）：812-821.

黄志平，2019. 在浙江省自然资源厅深化"最多跑一次"改革推进政府数字化转型工作领导小组全体会议上的讲话摘要 [J]. 浙江国土资源（8）：6-7.

霍文博，朱跃龙，李致家，等，2018. 新安江模型和支持向量机模型实时洪水预报应用比较 [J]. 河海大学学报（自然科学版），46（4）：283-289.

江春波，周琦，申言霞，等，2021. 山区流域洪涝预报水文与水动力耦合模型研究进展 [J]. 水利学报，52（10）.

蒋卫威，鱼京善，赤穗良辅，等，2020. 基于水文水动力耦合模型的山区小流域洪水预报 [J]. 水文，40（5）：28-35.

蒋云钟，冶运涛，赵红莉，等，2021. 智慧水利解析 [J]. 水利学报，52（11）：1355-1368.

李皓轩，梅松军，周康，等，2023. 降雨短时临近预报技术研究进展 [J]. 中国防汛抗旱，33（5）：19-22.

李姣，王丽荣，王洁，等，2023. 基于动态临界雨量的山洪灾害预警技术研究 [J]. 自然灾害学报，32（5）：235-242.

李敬文，马新国，张长军，2019. 信息化技术在水利防汛工作中的应用研究 [J]. 工程技术研究，4（17）：249-250.

李可可，张婕，2006. 美国的防洪减灾措施及其启示 [J]. 中国水利，（11）：54-56.

李烈干，2004. 地质灾害：人为因素有多少？[J]. 南方国土资源，（8）：39-40.

李瑛，黄建和，2008. 日本的山洪灾害防御体系 [J]. 人民长江，（20）：80-81.

李致家，包红军，孔祥光，等，2005. 水文学与水力学相结合的南四湖洪水预报模型 [J]. 湖泊科学，（4）：299-304.

李宗礼，张宜清，邢子强，等，2023. 对智慧水利标准体系构建的思考 [J]. 水利信息化，（5）：55-58.

练继建，杨伟超，徐奎，等，2018. 山洪灾害预警研究进展与展望 [J]. 水力发电学报，37（11）：1-14.

梁启斌，罗朝林，2022. 基于 WebGL 的水利工程三维可视化研究应用 [J]. 水利建设与管理，42（1）：31-36.

刘昌军，刘业森，武甲庆，等，2023. 面向防洪"四预"的数字孪生流域知识平台建设探索 [J]. 中国防汛抗旱，33（3）：34-41.

刘昌军，2019. 基于人工智能和大数据驱动的新一代水文模型及其在洪水预报预警中的应用 [J]. 中国防汛抗旱，29（5）：11-22.

刘海瑞，奚歌，金珊，2021. 应用数字孪生技术提升流域管理智慧化水平 [J]. 水利规划与设计，（10）：4-6，10，88.

刘家宏，蒋云钟，梅超，等，2022. 数字孪生流域研究及建设进展 [J]. 中国水利，（20）：23-24，44.

刘檣漪，程维明，孙东亚，等，2017. 中国历史山洪灾害分布特征研究 [J]. 地球信息科学学报，19（12）：1557-1566.

刘荣华，刘启，张晓蕾，等，2016. 国家山洪灾害监测预警信息系统设计及应用 [J]. 中国水利，（21）：24-26.

刘荣华，周燕怡，郭良，等，2020. 美国山洪灾害预警研究进展 [J]. 中国防汛抗旱，30（Z1）：141-148.

刘双，谢正辉，曾毓金，2016. 基于神经网络与半分布式水文模型相结合的缺资料区径流估计模型——以莺落峡流域为例 [J]. 北京师范大学学报（自然科学版），52（03）：393-401.

刘天元，王文丰，徐灯，2019. 水雨情监测中的雨量测量方法综述 [J]. 现代信息科技，3（2）：8-11.

刘业森，杨振山，黄耀欢，等，2019. 建国以来中国山洪灾害时空演变格局及驱动因素分析 [J]. 中国科学：地球科学，49（2）：408-420.

刘志雨，2012. 山洪预警预报技术研究与应用 [J]. 中国防汛抗旱，22（2）：41-45，50.

卢阳，幸新涪，张乾柱，等，2017. 山洪灾害防御预案编制要点与应急处置流程探讨 [J]. 中国水利，（11）：36-38＋44.

陆奕，2020. 基于水文模型的山洪灾害预警系统研究与应用 [D]. 杭州：浙江工业大学.

罗海婉，陈文杰，李志威，等，2019. 基于耦合水动力模型的广州市东濠涌流域洪涝模拟 [J]. 水资源与水工程学报，30（3）：46-52，65.

潘崇伦，2023. 上海市洪水风险图应用管理—成果展示应用系统设计与实现 [J/OL]. 中国防汛抗旱：1-4.

秦景，赵凌云，卢峰，等，2018. 重庆市山洪灾害防治措施与关键技术 [M]. 北京：中国水利水电出版社.

全国国土资源标准化技术委员会，2020. 滑坡防治设计规范：GB/T 38509—2020 [S]. 北京：中国标准出版社.

全国自然资源与国土空间规划标准化技术委员会，2006. 滑坡防治工程设计与施工技术规范：DZ/T 0219—2006 [S]. 北京：中国标准出版社.

任洪玉，任亮，2021. 山洪灾害群测群防体系建设问题探讨 [J]. 中国防汛抗旱，31（3）：50-54.

任智慧，桑燕芳，杨默远，等，2023. 暴雨山洪灾害预警方法研究进展 [J]. 地理科学进展，42（1）：185-196.

芮孝芳，蒋成煜，张金存，2006. 流域水文模型的发展 [J]. 水文，（3）：22-26.

尚全民，吴泽斌，何秉顺，2020. 我国山洪灾害防治建设成就 [J]. 中国防汛抗旱，30（Z1）：1-4.

申言霞，周琦，段艳华，等，2023. 基于多重网格的地表水文与二维水动力动态双向耦合模型研究 [J]. 水利学报，54（3）：302-310.

水利部，2022. 水利部部署数字孪生流域建设工作 [J]. 中国水利，（1）：5.

水利部长江水利委员会，2006. 全国山洪灾害防治规划报告 [R]. 武汉：水利部长江水利委员会.

孙东亚，刘昌军，等，2022. 山洪灾害防治理论技术研究进展 [J]. 中国防汛抗旱，32（1）：24-33.

孙东亚，张红萍，2012. 欧美山洪灾害防治研究进展及实践 [J]. 中国水利，（23）：16-17.

孙东亚，2021. 山洪灾害防治理论技术框架 [J]. 中国水利水电科学研究院学报，19（3）：313-317.

孙厚才，沙耘，黄志鹏，2004. 山洪灾害研究现状综述 [J]. 长江科学院报，21（6）：77-80.

王静宇，2017. 浅谈无人机倾斜摄影测量技术及其应用 [J]. 工程建设与设计，（14）：200-201.

王协康，刘兴年，周家文，2019. 泥沙补给突变下的山洪灾害研究构想和成果展望 [J]. 工程科学与技术，51（4）：1-10.

王协康，杨坡，孙桐，等，2021. 山区小流域暴雨山洪灾害分区预警研究 [J]. 工程科学与技术，53（1）：29-38.

王秀茹，2009. 水土保持工程学 [M]. 2版. 中国林业出版社.

王艳艳，林昌勇，吴西贵，等，2020. 基于水动力模型的小流域洪水预报研究 [J]. 中国防汛抗旱，30（12）：78-82.

王燕云，原文林，龙爱华，等，2020. 基于SVR的无实测资料小流域山洪灾害临界雨量预估模型及应用——以河南新县为例 [J]. 水文，40（2）：42-47.

王云辉，曾国熙，张正康，2009. 浙江省水文特性分析 [J]. 水文，29（4）：79-82.

魏丽，胡凯衡，黄远红，2018. 我国与美国、日本山洪灾害现状及防治对比 [J]. 人民长江，49（4）：29-33，39.

魏松，王慧，2012. 水利水电工程导论 [M]. 北京：中国水利水电出版社.

魏永强，盛东，董林垚，等，2022. 山洪灾害防治研究现状及发展趋势 [J]. 中国防汛抗旱，32（7）：30-35.

吴奇锋，高云泽，2021. 基于数字孪生技术建设智慧淮河 [J]. 治淮，（6）：73-75.

吴世勇，杜成波，申满斌，等，2018. 基于流域基础数据模型的水电项目数字化管理 [J]. 计算机工程与设计，39（6）：1795-1801.

吴泽斌，何秉顺，田济扬，等，2022. 数字山洪防治理论框架和实施路径初探 [J]. 中国水利，（8）：41-46.

吴泽斌，徐萌萌，楚中柱，2023. 中国山洪灾害防治政策的演进、特征与展望 [J]. 资源科学，45（4）：776-785.

伍远康，王红英，陶永格，等，2015. 浙江省无资料流域洪水预报方法研究 [J]. 水文，35（6）：24-29.

谢彪，杨涛，尧俊辉，等，2022. 无线微波精细化降雨监测技术与应用 [J]. 水文，42（5）：65-69.

徐刚，韦能，王中央，等，2017. 乌溪江流域自动洪水预报系统研究与应用 [J]. 水利水电技术，48（9）：54-59.

徐永年，曹文洪，周新福，等，2004. 山洪灾害特性及其防治对策 [J]. 中国水利水电科学研究院学报，（2）：37-41.

徐宗学，程磊，2010. 分布式水文模型研究与应用进展 [J]. 水利学报，41（9）：1009-1017.

严珍，2018. 山洪灾害防治技术 [M]. 北京：中国水利水电出版社.

叶勇，王振宇，范波芹，2008. 浙江省小流域山洪灾害临界雨量确定方法分析 [J]. 水文，（1）：56-58.

佚名，2008. 浙江省防御洪涝台灾害人员避险转移办法 [J]. 浙江省人民政府公报.

于桓飞，张新海，葛杭建，2016. 浙江省山洪灾害防治与调查创新方法 [J]. 浙江水利科技，44（6）：18-20.

余富强，鱼京善，蒋卫威，等，2019. 基于水文水动力耦合模型的洪水淹没模拟 [J]. 南水北调与水利科技，17（5）：37-43.

余欣，窦身堂，翟家瑞，等，2016. 黄河数学模拟系统建设 [J]. 人民黄河，38（10）：60-64.

俞小鼎，周小刚，王秀明，2012. 雷暴与强对流临近天气预报技术进展 [J]. 气象学报，70（3）：311-337.

俞彦，张行南，张鹏，等，2020. 基于 SCS 模型和新安江模型的雨量预警指标综合动态阈值对比 [J]. 水资源保护，36（3）：28-33，51.

张建云，刘九夫，金君良，2019. 关于智慧水利的认识与思考 [J]. 水利水运工程学报，（6）：1-7.

张珂，牛杰帆，李曦，等，2021. 洪水预报智能模型在中国半干旱半湿润区的应用对比 [J]. 水资源保护，37（1）：28-35.

张鹏程，贾旸旸，2018. 一种基于多层感知器的动态区域联合短时降水预报方法 [J]. 计算机应用与软件，35（11）153-158，183.

张启义，张顺福，李昌志，2016. 山洪灾害动态预警方法研究现状 [J]. 中国水利，（21）：27-31.

张涛，胡挺，胡琼方，等，2023. 长江流域历史典型洪水库研究 [J/OL]. 人民长江：1-9.

张卫国，范仲丽，钟伟，等，2018. 雷达回波外推方法在临近降雨预报中的应用 [J]. 中国农村水利水电，（9）：69-73，120.

张雯，廖晓玉，王开丽，等，2024. 数字孪生流域预演场景研究与运用——以嫩江干流为例 [J]. 水利信息化，（1）：25-29.

张新海，赵容娇，王圣辉，2020. 山洪灾害入户预警技术研究 [J]. 人民黄河，42（S2）：28-29.

张志彤，2016. 山洪灾害防治措施与成效 [J]. 水利水电技术，47（1）：1-5，11.

赵刚，庞博，徐宗学，等，2016．中国山洪灾害危险性评价［J］．水利学报，47（9）：1133 -
1142＋1152．

赵杏英，毛肖钰，徐红权，等，2021．数字流域多尺度空间地理信息模型构建及应用——以钱塘江
流域为例［J］．人民长江，52（S2）：293 - 297．

赵悬涛，刘昌军，文磊，等，2020．国产多源降水融合及其在小流域暴雨山洪预报中的应用［J］．
中国农村水利水电，（10）：54 - 59，65．

浙江省发展改革委，2021．浙江省水利厅关于印发《浙江省中小河流治理"十四五"规划》的通知
［EB/OL］．

浙江省人民政府防汛防台抗旱指挥部办公室，2020．关于加强山洪灾害防御工作的意见［EB/OL］．

浙江省生态环境监测中心，2023．浙江省地表水环境质量月报（2022年12月）［EB/OL］．

浙江省水利厅，1999．浙江省河流简明手册［M］．西安：西安地图出版社．

浙江省水利厅生态环境厅，2023．2022年浙江省生态环境状况公报［EB/OL］．

浙江省统计局，2023．2022年浙江省国民经济和社会发展统计公报［EB/OL］．

浙江省统计局，2023．2022年浙江省人口主要数据公报［EB/OL］．

中国水利百科全书编委会，2006．中国水利百科全书（第二版）：第一卷［M］．北京：中国水利水
电出版社．

中华人民共和国水利部，2019．山洪灾害调查与评价技术规范：SL 768—2018［S］．中国水利水电
出版社：5 - 7．

中华人民共和国水利部，2013．城市防洪工程设计规范：GB/T 50805—2012［S］．北京：中国计划
出版社．

中华人民共和国水利部，2013．堤防工程设计规范：GB 502856—2013［S］．北京：中国计划出版社．

中华人民共和国水利部，2022．关于加强山洪灾害防御工作的指导意见［R/OL］．

中华人民共和国水利部，2012．洪水调度方案编制导则：SL 596—2012［S］．北京：中国水利水电
出版社：5 - 7．

中华人民共和国水利部，2008．开发建设项目水土保持技术规范：GB 50433—2008［S］．北京：中
国计划出版社．

中华人民共和国水利部，2020．全国山洪灾害防治项目实施方案（2021—2023年）［EB/OL］．

中华人民共和国水利部，2018．山洪灾害调查与评价技术规范：SL 767—2018［S］．北京：中国水
利水电出版社．

中华人民共和国水利部，2014．山洪灾害防御预案编制导则：SL 666—2014［S］．北京：中国水利
水电出版社．

中华人民共和国水利部，2014．山洪灾害监测预警系统设计则：SL 675—2014［S］．北京：中国水
利水电出版社．

中华人民共和国水利部，2020．淤地坝技术规范：SL/T 804—2020［S］．北京：中国水利水电出
版社．

中华人民共和国住房和城乡建设部，2013．建筑边坡工程技术规范：GB 50330—2013［S］．北京：
中国建筑工业出版社．

中华人民共和国住房和城乡建设部，2014．水土保持工程设计规范：GB 51018—2014［S］．北京：
中国计划出版社．

周洁，邵银霞，王沛丰，等，2022．基于数字孪生流域的防汛"四预"平台设计［J］．水利信息化，
（5）：1 - 7．

周翔，2014．温州市瓯海区山洪灾害预警系统的设计与实现［D］，成都：电子科技大学．

朱敏喆，王船海，刘曙光，2014．淮河干流分布式水文水动力耦合模型研究［J］．水利水电技术，
45（8）：27 - 32．

附　表

附表一

山洪灾害风险隐患保护对象名录表

1. 县（区、市、旗）名称				2. 县（区、市、旗）代码			3. 乡镇名称			4. 乡镇代码	

序号	5. 名称	6. 代码	7. 类型	8. 人口	9. 河流名称	10. 河流代码	风险隐患要素类别										风险隐患影响类型					26. 备注
							跨沟道路、桥涵		塘（堰）坝		多支齐汇		局地河势与微地形				21. 溃决	22. 壅水	23. 顶托	24. 改道	25. 漫流	
							11. 名称	12. 编码	13. 名称	14. 编码	15. 河流名称	16. 河流代码	17. 束窄	18. 急弯	19. 低洼地	20. 沟滩占地						
1								……					□	□	□	□	□	□	□	□	□	
2								……					□	□	□	□	□	□	□	□	□	
3								……					□	□	□	□	□	□	□	□	□	
……																	□	□	□	□	□	

附表二

跨沟道路、桥涵调查成果表

序号	1. 县(区、市、旗)名称	2. 县(区、市、旗)代码	3. 乡镇名称	4. 乡镇代码	5. 名称	6. 编码	7. 经度	8. 纬度	9. 类型	10. 沟宽/m	11. 沟深/m	12. 断面形态	13. 阻水面积比 R_1/%	14. 阻水库容 v/万 m^3	15. 河流代码	16. 壅水影响对象名称	17. 壅水影响对象编码	18. 溃决影响对象名称	19. 溃决影响对象编码	20. 备注
1																				
2																				
3																				
……																				

附表三

沟滩占地情况调查成果表

序号	1. 县（区、市、旗）名称			2. 县（区、市、旗）代码					3. 乡镇名称		4. 乡镇代码	16. 备注
	5. 名称	6. 编号	7. 经度	8. 纬度	9. 类型	10. 沟宽/m	11. 沟深/m	12. 断面形态	13. 阻水面积比 R_2/%	14. 河流名称	15. 河流代码	
1												
2												
3												
……												

附表四

外洪顶托城集镇及村落调查分析成果表

序号	1. 县（区、市、旗）名称	2. 县（区、市、旗）代码	3. 乡镇名称	4. 乡镇代码	5. 保护对象名称	6. 保护对象代码	临界雨量修正				11. 备注
							3.1 50年一遇洪水顶托		3.2 100年一遇洪水顶托		
							7. 原临界雨量 / 时段	8. 修正后临界雨量	9. 原临界雨量 / 时段	10. 修正后临界雨量	
1							1h		1h		
							3h		3h		
							6h		6h		
							12h		12h		
							24h		24h		
2							1h		1h		
							3h		3h		
							6h		6h		
							12h		12h		
							24h		24h		
……							1h		1h		
							3h		3h		
							6h		6h		
							12h		12h		
							24h		24h		